KB140997

FOCACCIA

포카치아

홍상기

베이킹 아카데미 사계 오너 셰프

@baking4gye

베이킹 아카데미 사계

FOCACCIA 포카치아

: 저온 발효에 관한 실질적 이론과 레시피

초판 1쇄 발행 2023년 10월 30일
초판 3쇄 발행 2024년 06월 26일

지은이 홍상기 | **펴낸이** 박윤선 | **발행처** (주)더테이블

기획·편집 박윤선 | **디자인** 김보라 | **사진** 조원석 | **스타일링** 이화영
영업·마케팅 김남권, 조용훈, 문성빈 | **경영지원** 김효선, 이정민

주소 경기도 부천시 조마루로385번길 122 삼보테크노타워 2002호
홈페이지 www.icoxpublish.com | **쇼핑몰** www.baek2.kr (백두도서쇼핑몰) | **인스타그램** @thetable_book
이메일 thetable_book@naver.com | **전화** 032) 674-5685 | **팩스** 032) 676-5685
등록 2022년 8월 4일 제 386-2022-000050 호 | **ISBN** 979-11-92855-02-8 (13590)

더테이블 THE TABLE

- (주)더테이블은 '새로움' 속에 '가치'를 담는 요리 전문 출판 브랜드입니다.

- 도서에 관한 문의는 이메일(thetable_book@naver.com)로 연락주시기 바랍니다.
- 잘못된 책은 구입하신 서점에서 바꾸어드립니다.
- 책값은 뒤표지에 있습니다.

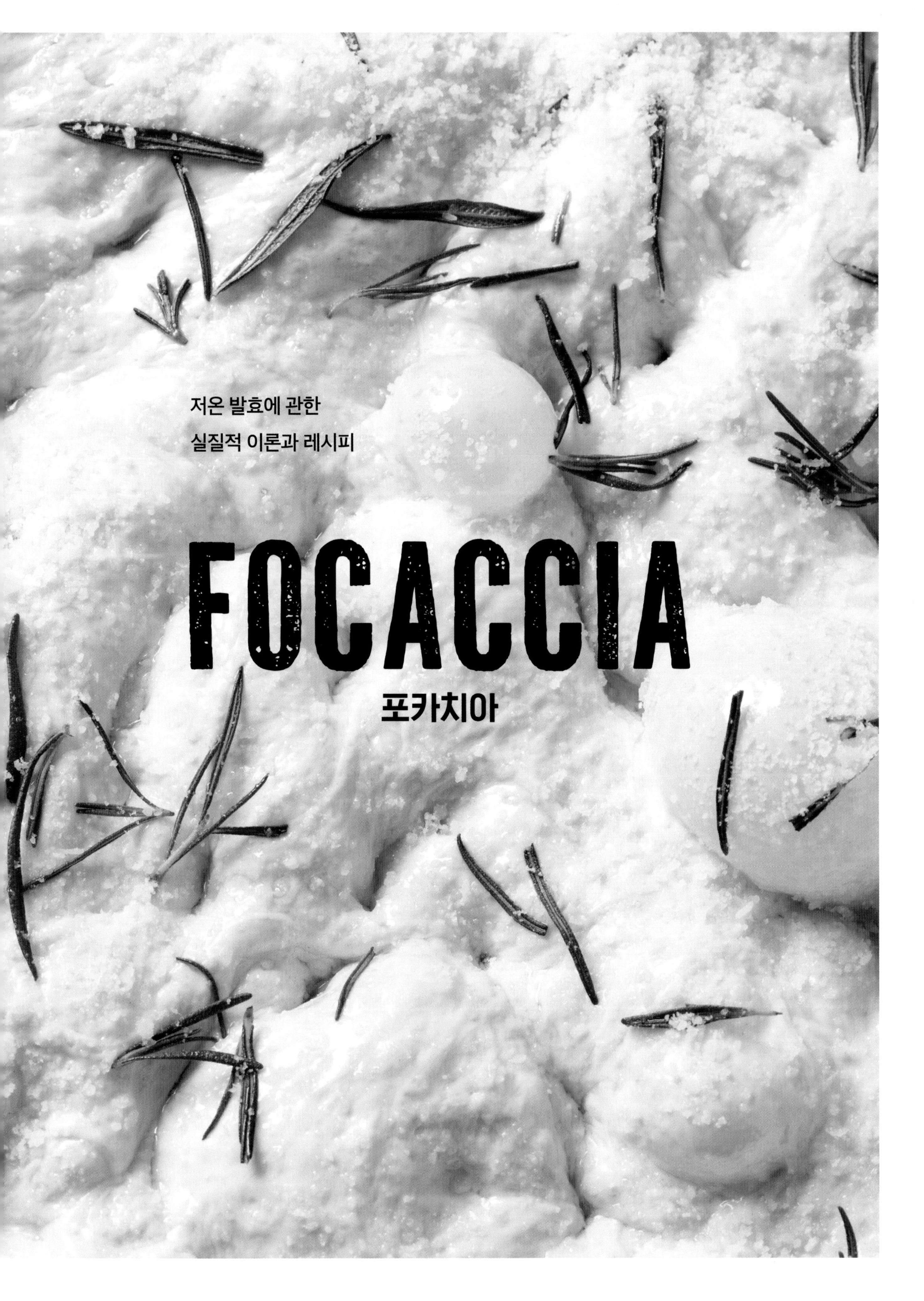
저온 발효에 관한
실질적 이론과 레시피
FOCACCIA
포카치아

PROLOGUE

17살에 빵을 처음 배우고 어느덧 38년이라는 시간이 흘렀습니다. 오랜 시간 동안 쉬지 않고 빵과 함께 살아왔지만 아직도 만들고 싶고, 배우고 싶은 빵들이 너무 많습니다. 그래서 지금까지도 항상 설레는 마음으로 베이커의 길을 걸어가고 있습니다.

이 책을 준비하면서 저는 또 다른 셀렘으로 글을 쓰고, 레시피를 노트에 적어가며 힘들지만 즐겁고 뿌듯한 시간을 보냈습니다.

지난 10년간 베이킹 아카데미 사계를 운영하면서 수천 명의 수강생들을 만나 인연을 맺고, 교육을 통해 서로가 배워가는 동안 수많은 질문을 받으며 피드백을 해주고 있지만 이것이 100%의 만족을 드리지는 못했을 것이라 생각합니다.

이번에 더테이블 출판사의 제안으로 많은 분들이 고민하고 어려워 하는 저온 발효에 관한 주제로 요즘 가장 인기 있는 메뉴인 포카치아 레시피를 담은 책을 출간하게 되어 개인적으로 많은 보람을 느낍니다. 부족한 부분도 있겠지만, 책을 준비하는 과정에서 작은 것 하나하나 빠트리지 않고 넣고 싶은 마음에 최선을 다해 많은 것들을 담았습니다.

올해는 베이킹 아카데미 사계가 10주년을 맞이하는 해입니다. 10주년의 해에 책을 출간하게 되어 더욱 뜻깊습니다. 앞으로도 계속 아카데미를 운영하면서 연구하고 개발한 모든 것들을 책을 통해 여러분들에게 전달할 수 있도록 노력하겠습니다.

2023년 9월 저자 **홍상기**

ABOUT THIS BOOK

이 책에 대하여

이 책은 '저온 발효'를 주제로 오토리즈, 비가, 풀리시 제법을 활용한 다양한 스타일의 포카치아 레시피를 담았습니다.

특히 이 책에서는 관리하기 어려운 천연발효종 대신 사전 발효 반죽을 이용해 본반죽을 완성하고, 이를 저온에서 장시간 발효시켜 만든 메뉴들을 다루었습니다. 반죽을 저온에서 천천히 발효시켰을 때 생성되는 여러 가지 미생물들은 빵의 풍미를 더욱 더 향상시켜줍니다. 따라서 발효의 '시간'과 '온도'를 파악하고 이에 맞춰 이스트의 양을 조절할 수 있다면 제품의 완성도는 물론 작업장의 생산 효율성 또한 높아질 것입니다. 즉, 적은 양의 이스트를 사용하면서 저온에서 장시간 발효해 빵의 풍미를 끌어올리고, 각자의 생산 환경에 맞춰 발효의 시간을 조절해 작업의 효율성을 높이는 것이 이 책을 활용하는 포인트라고 말할 수 있겠습니다.

'PART 1 ~ PART 4'에서는 이 책의 주제인 '저온 발효'에 관한 전반적인 이론과 '포카치아'를 만들기 위해 알아두어야 하는 재료와 도구, 기본적인 공정에 대해 설명합니다. 본격적인 레시피에 들어가기에 앞서 이론을 충분히 이해한다면, 나의 작업 환경이나 근무 시간에 맞춰 발효의 온도와 시간, 이스트의 양을 조절해가며 보다 효율적으로 제품을 생산할 수 있을 것입니다.

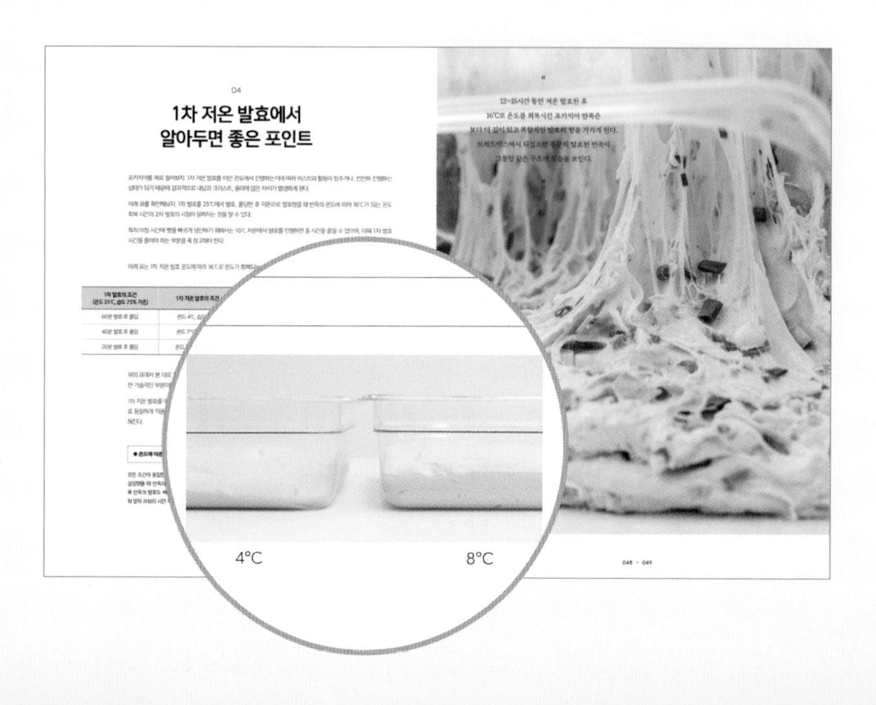

본 책의 'PART 5. 오토리즈 제법으로 만드는 포카치아'에서는 오토리즈 반죽을 만드는 방법과 이를 이용한 포카치아 레시피를 소개합니다. 특히 첫 레시피 파트인 만큼 가장 기본이 되는 재료만을 사용한 '기본 포카치아'와 기계 없이 손으로 반죽해 만드는 '손반죽 포카치아' 그리고 손반죽 포카치아를 활용한 응용 레시피를 담았습니다.

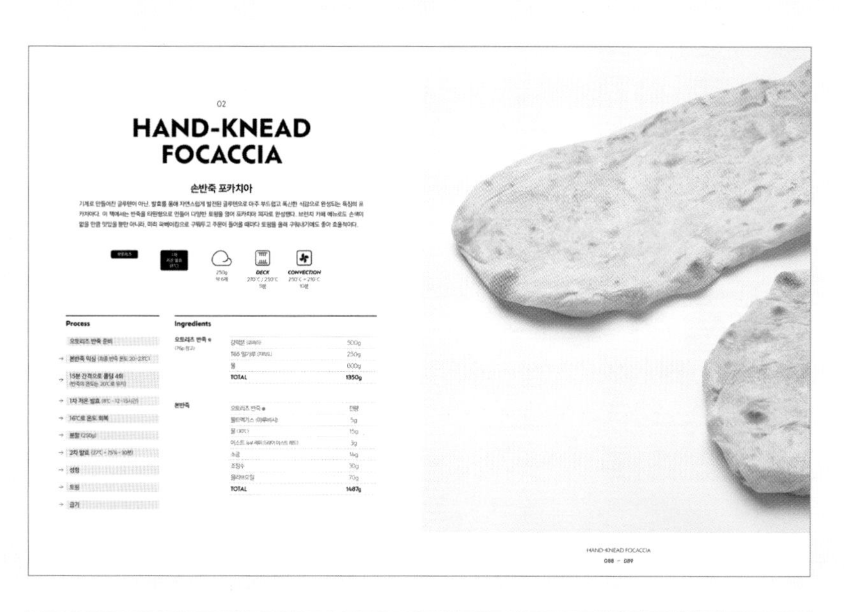

02

HAND-KNEAD FOCACCIA

손반죽 포카치아

250g 9개 | DECK 270℃ / 250℃ 9분 | CONVECTION 250℃ → 210℃ 10분

Process

- 오토리즈 반죽 준비
- → 본반죽 믹싱 (최종 반죽 온도 20~23℃)
- → 15분 간격으로 폴딩 4회 (반죽의 온도는 20℃로 유지)
- → 1차 저온 발효 (8℃ · 12~15시간)
- → 16℃로 온도 회복
- → 분할 (250g)
- → 2차 발효 (27℃ · 75% · 90분)
- → 성형
- → 토핑
- → 굽기

Ingredients

오토리즈 반죽 ●	강력분	500g
	T65 밀가루	250g
	물	600g
	TOTAL	1350g
본반죽	오토리즈 반죽 ●	전량
	몰트엑기스	5g
	물 (30℃)	15g
	이스트	3g
	소금	14g
	조정수	30g
	올리브오일	70g
	TOTAL	1467g

HAND-KNEAD FOCACCIA

088 - 089

02-1

손반죽 포카치아 응용

CHICKEN TACO FOCACCIA

치킨 타코 포카치아

Ingredients

손반죽 포카치아 반죽

토핑 (포카치아 1개 분량)

칠리 소스 (MILLERS HOT & SWEET SAUCE)	16g
슬라이스 모차렐라	1장
슈레드 모차렐라	52g
치킨타코필링	90g
크림치즈	20g
이지마요	적당량
쪽파	적당량
슈레드 파르메산	적당량

How to make

1. 성형을 마친 손반죽 포카치아 반죽에 칠리 소스를 16g 바른다.
2. 슬라이스 모차렐라 1장을 적당한 크기로 잘라 올리고, 슈레드 모차렐라 52g을 올린다.
3. 치킨타코필링 90g, 크림치즈 20g을 군데군데 올린다.
4. 이지마요를 뿌린 후 데크 오븐 기준 윗불 270℃ · 아랫불 250℃에 넣고 5분간 굽는다.

POINT

CHICKEN TACO FOCACCIA

096 - 097

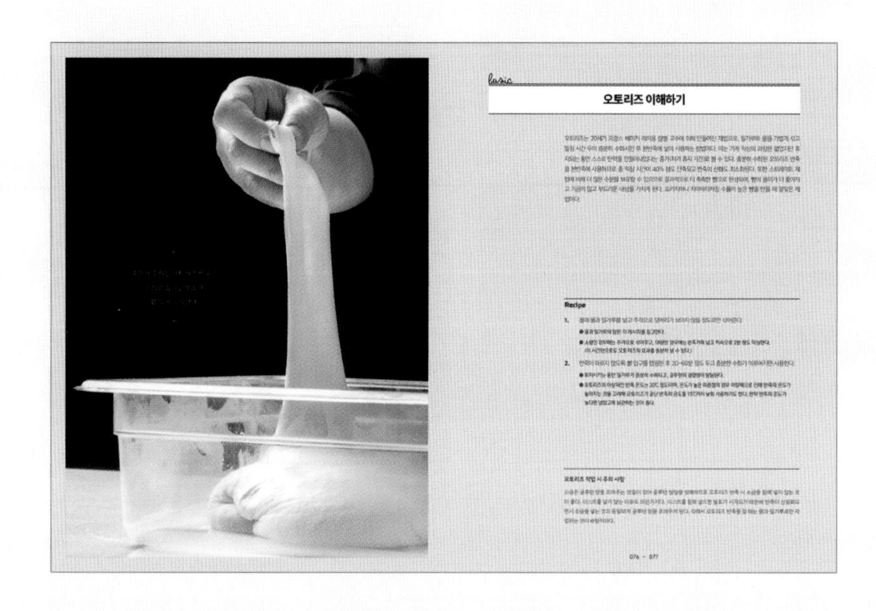

오토리즈 이해하기

Recipe

076 - 077

오토리즈 제법은 밀가루와 물을 가볍게 섞은 후 일정 시간 두어 충분히 수화시킨 후 본반죽에 넣어 사용하는 방법입니다. 기계 믹싱을 하지 않아도 휴지 시간 동안 반죽 스스로 탄력을 만들어내고 충분한 수화를 이루어내므로 본반죽의 믹싱 시간이 줄어드는 장점이 있습니다. 이로 인해 밀 고유의 맛을 유지하는 데 도움이 되는 제법입니다. 또한 일반적인 스트레이트 제법(사전 반죽이 사용되지 않고, 장시간 발효가 이루어지지 않는)에 비해 반죽의 수분 함량이 높으므로 촉촉한 제품으로 완성할 수 있으며 그만큼 노화의 속도도 느린 것이 특징입니다.

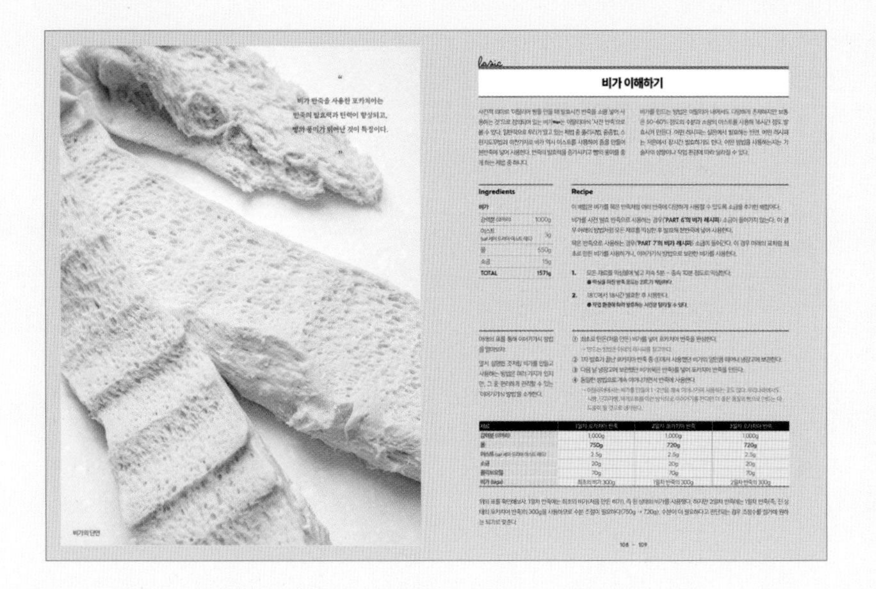

본 책의 'PART 6. 비가를 사용한 포카치아'에서는 비가를 만드는 방법과 이어가기를 하는 방법, 이를 이용한 포카치아 레시피를 소개합니다.

이탈리아식 '사전 반죽'이라고 볼 수 있는 비가는 밀가루와 수분, 소량의 이스트를 사용해 일정 시간 발효시켜 만드는 종으로 반죽의 발효력을 증가시키고 빵의 풍미를 높이는 제법 중 하나입니다. 풀리시 종과 비교했을 때 수분 함량이 낮아 풀리시 종을 사용한 빵보다 더 진한 발효 풍미를 내는 것이 특징입니다. 이 책에서는 최초의 비가를 만들어 포카치아 반죽에 사용하고, 만들어진 포카치아 반죽의 일정량을 남겨두고 보관해 다음에 만드는 포카치아에 사용하는 '이어가기식 방법'을 설명합니다.

본 책의 'PART 7. 오토리즈 제법과 비가를 이용한 포카치아'에서는 앞서 설명한 두 가지 제법을 모두 사용한 포카치아 레시피를 소개합니다. 여기에서는 비가 반죽을 묵은 반죽처럼 사용함으로 발효의 풍미와 빵의 볼륨을 좋게 완성할 수 있습니다.

그리고 이 책에서 기준으로 하는 '저온 발효법'과 대비되는 '당일 생산법'을 설명해 두 가지 방법의 장단점과 차이점을 알아봅니다. 이를 참고한다면 이 책에서 설명하는 저온 발효 포카치아 레시피를 당일 생산 레시피로, 당일 생산 레시피를 저온 발효 레시피로 변경할 수 있습니다.

또한 4℃ 저온 발효와 8℃ 저온 발효를 비교해봅니다. 4℃라는 온도는 일반적인 냉장고의 온도이므로, 발효기(도우 컨디셔너)가 없는 매장이나 일반 가정에서도 쉽게 적용할 수 있는 방법입니다. 이를 이해한다면 본 책에서 설명하는 8℃ 저온 발효 공정을 4℃ 저온 발효 공정으로 변경해 작업할 수 있습니다.

본 책의 'PART 8. 풀리시 종을 사용한 포카치아'에서는 풀리시 종을 만드는 방법과 이를 이용한 포카치아 레시피를 소개합니다.

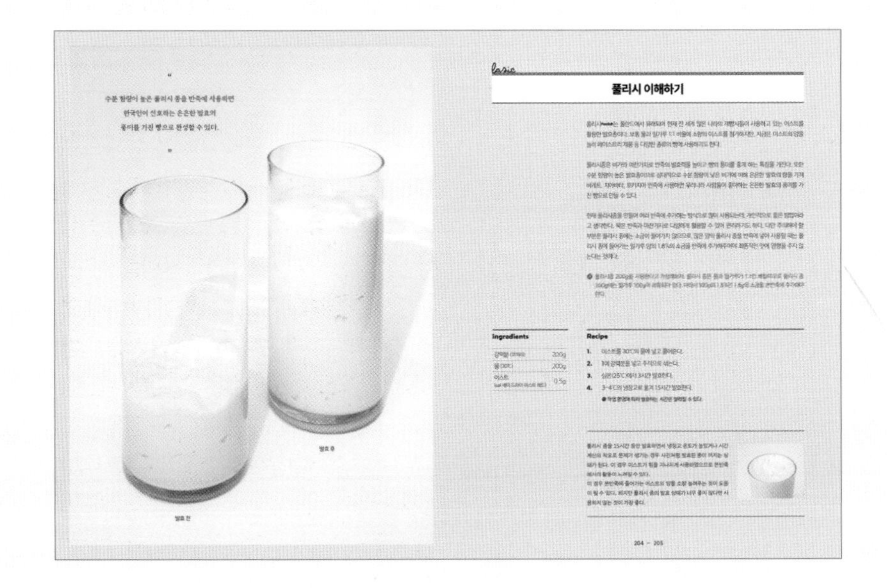

풀리시 종은 보통 물과 밀가루를 1:1 비율로 하고 소량의 이스트를 첨가해 발효한 후 본 반죽에 넣어 사용하는 방법입니다. 비가와 마찬가지로 반죽의 발효력을 높이고 빵의 풍미를 좋게 하는데, 비가에 비해 수분 함량이 높아 보다 은은한 발효의 향을 내는 것이 특징입니다.

본 책의 'PART 9. 포카치아 응용 레시피'에서는 앞서 소개한 포카치아를 활용한 샌드위치, 피자, 그리고 포카치아와 곁들이기에 좋은 샐러드와 수프를 소개합니다. 이 파트에서는 샌드위치에 활용하기 좋은 파베이크 방법을 예시로 설명합니다. 파베이크 방법으로 포카치아를 굽고 냉동 보관하면서 필요할 때마다 토핑만 올려 다시 구우면 되므로 매장에서도 보다 효율적으로 생산하기에 좋은 메뉴들입니다. 또한 여기에서 소개하는 소스와 토핑은 여러 가지 메뉴에 두루두루 어울리는 활용도 높은 배합이므로 다양한 방법으로 응용하기에도 좋습니다.

CONTENTS

PART 4.

재료와 도구

PART 5.

오토리즈 제법으로 만드는 포카치아

PART 6.

비가를 사용한 포카치아

PART 7.

오토리즈 제법과 비가를 이용한 포카치아

PART 8.

풀리시 종을 사용한 포카치아

PART 9.

포카치아 응용 레시피

: 파베이크 이해하기 | 256

FOCACCIA SANDWICH (HOT & COLD)

FOCACCIA PIZZA

SALAD & SOUP

FOCA

CCIA

PART 1

포카치아 알아보기

01

포카치아의 기원과 발전

포카치아는 이탈리아에서 가장 오래된 빵 중 하나로, 에트루리아인들이 처음 만든 것으로 알려져 있다. 최초의 포카치아는 밀가루, 물, 소금으로 만들어진 부풀리지 않은 평평한 형태의 빵이었다. 사용하는 재료가 간단해 불이 있는 곳이라면 어디에서든 구워 먹을 수 있어 가정에서도 많이 만들었으며 주로 집안의 화덕을 이용해 만들어졌다.

포카치아는 오븐이 발명되기 전부터 만들어졌는데, 평평한 돌 위에 반죽을 올리고 넓적한 모양으로 누른 뒤 뜨거운 재에 묻어둔 상태로 구웠기 때문에 라틴어로 '파니스 포카치우스**Panis focacius**' 즉, '화덕빵'이라는 이름으로 불렸다.

이탈리아에서 포카치아를 이야기할 때 리구리아**Liguria** 주의 제노바**Genova**를 떠올리는데, 제노바에서는 포카치아라는 말 대신 '제노바 피자**Pizza Genovese**'라고 부르며, 볼로냐 인근에서는 '크레센티나**Crescentina**'로, 토스카나와 이탈리아 중부 일대에서는 '스키아치아타**Schiacciata**'라고 부른다.

수 세기에 걸쳐 포카치아 레시피는 더욱 더 정교해졌다. 오늘날에는 밀가루, 물, 소금 외에 이스트와 올리브오일이 반죽에 더해졌고 허브, 치즈, 베이컨 등 여러 가지 충전물과 토핑 재료를 사용해 다양한 맛과 모양으로 발전되고 있다.

포카치아의 시작은 효모(이스트)가 발전하지 않았던 시대부터 현재에 이르기까지 여러 가지 방법으로 변형이 되면서 다양한 종류로 발전되어 왔다. 지금은 포카치아와 비슷한 레시피의 제품들을 많이 볼 수 있는데, 이는 지역의 재료를 사용하거나 지역의 기후에 맞는 제법을 사용하거나 하는 등의 방식으로 세계별로, 지역별로 다양한 빵들이 만들어지고 있다.

나의 경우도 마찬가지로 한국적인 특징도 살리고 한국인의 입맛에 맞춘 포카치아를 만들기 위해 청양고추나 마늘을 넣어 만들기도 하고, 익힌 감자나 곡물가루를 사용한 건강빵 스타일의 포카치아 등으로 다양하게 만들기 위해 노력하고 있다. (지금도 나와 같은 기술자들이 전 세계 곳곳에서 연구하며 다양한 스타일의 포카치아를 만들어내고 있을 것이다.)

이탈리아에서는 크고 넓게 만든 포카치아를 조각으로 잘라 판매하는 것을 쉽게 볼 수 있다. 포카치아가 유행하고 있는 요즘에서야 이런 방식으로 판매하고 있는 매장이 많아졌지만 몇 년 전까지만 해도 낯선 모습이었다. 포카치아도 피자처럼 많은 사람들이 일상에서 쉽게, 낯설지 않게 받아들이는 때가 오기를 기대해본다.

02

포카치아 반죽의 이해

현대의 포카치아는 수많은 종류의 재료를 사용하고 다양한 레시피로 만들어지고 있다. 그렇기 때문에 어디에서 어떤 종류의 반죽법과 충전물을 넣은 포카치아가 연구되어 판매되는지는 아무도 알 수 없을 것이다. 다만 큰 울타리에서 포카치아를 설명하자면 이렇게 이야기하고 싶다.

고대에는 이스트를 사용하지 않고 포카치아를 만들었는데, 이스트를 사용하기 시작하면서 더 부드러운 식감의 포카치아가 만들어지기 시작했다. 이후 올리브오일이 첨가되면서 포카치아 고유의 풍미가 생기고 더욱더 부드러운 식감으로 변화되었으며, 올리브오일의 맛과 향에 어울리는 재료들을 토핑이나 충전물로 사용하면서 다양하게 발전되어 왔다.

포카치아 반죽의 특징

① 수분의 함량이 높은 배합

→ 촉촉한 내상, 큰 기공, 폭신한 식감을 가진다.

② 올리브오일 함유

→ 올리브오일의 풍미가 진하게 느껴진다.
→ 다른 하드 계열 빵들에 비해 껍질이 얇고 식감이 쫀득하다.

③ 밀가루의 선택에 따른 질감의 변화

→ 사용하는 밀가루의 종류에 따라 부드러운 식감으로도, 쫀득한 식감으로도 완성할 수 있다.

밀의 힘이 좋은 밀가루나 단백질 함량이 높은 밀가루를 사용하는 경우

이탈리아 밀가루의 경우 W390 정도의 힘을 갖고 있는 밀을 사용하면 찰지고 힘이 느껴지는 식감을 얻을 수 있다. 프랑스 밀가루의 경우 초강력분을 구입하는 것이 어렵기 때문에 영양강화된 밀가루를 사용하면 조금 더 찰진 식감을 얻을 수 있다. 캐나다 밀가루의 경우 단백질 함량이 높은 초강력분이 많이 생산되기 때문에 단백질 함량 13.6% 이상의 밀가루를 사용한다면 수분 함량도 높아지고 찰진 식감도 함께 느낄 수 있는 포카치아를 만들 수 있다. 하지만 밀가루에서 가장 중요한 것은 밀가루가 가지고 있는 각각의 맛이기 때문에 이 부분을 가장 먼저 생각하고 만드는 것이 중요하다.

밀의 힘이 약한 밀가루나 단백질 함량이 낮은 밀가루를 사용하는 경우

이탈리아 포카치아 밀가루의 특징은 W260 정도의 밀가루를 사용해도 프랑스 밀가루에 비해 쫀득하고 겉은 바삭한 식감을 얻을 수 있다는 것이다. 프랑스 밀가루의 경우 T55밀가루를 사용하면 찰지고 힘이 느껴지는 맛은 덜하지만, 씹는 식감은 부드러우며 구수한 맛이 조금 다르게 느껴지는 것을 알 수 있다. 포카치아의 식감은 이렇게 밀가루에 따라 완성되는 정도가 모두 다르므로, 부드러운 식감을 원한다면 단백질 함량이 낮은 밀가루를 선택하는 것도 좋은 방법이다.

* 밀가루에 관한 설명은 52~57p를 참고한다.

03

포카치아 반죽의 파생

포카치아

포카치아와 비슷한 레시피를 가지고 있는 제품들

치아바타

- '슬리퍼'라는 뜻의 빵
- 포카치아처럼 반죽에 올리브오일이 들어감
- 밀가루를 이용해 모양을 내어 직사각형으로 성형
- 단단하게 구워도 가볍고 바삭한 식감을 가짐
- 크러스트(껍질)가 얇고 부드러운 것이 특징

푸가스

- 나뭇잎 모양으로 성형한 빵
- 포카치아처럼 반죽에 올리브오일이 들어감
- 높은 온도에서 구워 바삭하게 먹는 것이 특징
- 다양한 충전물을 사용해 지역에 맞게 판매됨

루스틱

- '시골풍', '소박함'이라는 뜻의 빵
- 포카치아와 다르게 반죽에 올리브오일이 들어가지 않음
- 거칠고 투박한 모양이 특징
- 회분 함량이 높은 통밀류를 사용

바게트

- 포카치아와 다르게 반죽에 올리브오일이 들어가지 않음
- 루스틱과 비교했을 때 수분 함량이 낮은 것이 특징

빵을 만드는 데 필요한 기본 재료

“밀가루, 물, 소금, 이스트”

04

바게트에서 포카치아, 치아바타까지. 레시피 개발을 위한 기초 과정

레시피를 만드는 연습을 처음 한다면, 가장 기본적인 재료를 사용해 만드는 바게트를 변형하는 방법으로 연습해보는 것을 추천한다.

기본 바게트 레시피에서 밀가루의 종류를 바꾸거나, 아래의 표처럼 다른 재료를 첨가하는 것만으로도 다양한 응용이 가능하다.

바게트에서 포카치아로 변형하기

재료	바게트(기본)	바게트 식빵	포카치아 (기본)	어니언 포카치아	올리브 치아바타
T55 프랑스 밀가루	1,000	1,000	1,000	1,000	1,000
생이스트	5	5	5	5	5
소금	18	18	18	18	18
물	700	700	750	750	750
올리브오일			70	70	70
블랙올리브					80
그린올리브					70
버터		30			
설탕		30			
양파				150	

★ 밀가루의 종류에 따라 수분율이 다르므로, 위의 표는 설명을 위한 참고용 레시피로 이해한다.

또 다른 형식의 레시피를 변형시키면서 레시피가 어떻게 변하는지 아래의 표를 보며 확인해보자.

바게트에서 캄파뉴로 변형하기

재료	바게트(기본)	통밀 캄파뉴	호밀 캄파뉴	통밀&호밀&호두 캄파뉴
T55 프랑스 밀가루	1,000	800	850	700
생이스트	5	5	5	5
소금	18	18	18	18
물	700	750	750	750
통밀		200		150
호밀			150	150
호두				200
조정수(물)				50

FOCA

CCIA

PART 2

포카치아의 기본 공정

01

포카치아 기본 공정 이해하기

이 책에서 소개하는 포카치아는 사용하는 사전 반죽(오토리즈, 비가, 풀리시)의 종류, 충전물이나 토핑의 종류, 성형 방법은 다르지만 기본적인 공정은 대부분 동일하다.

하지만 동일한 공정이라도 사용하는 재료나 제법에 따라 완성된 포카치아의 맛과 풍미는 확연히 다르고 식전 빵, 샌드위치, 피자로도 사용할 수 있으므로 활용도가 매우 높은 제품으로 볼 수 있다.

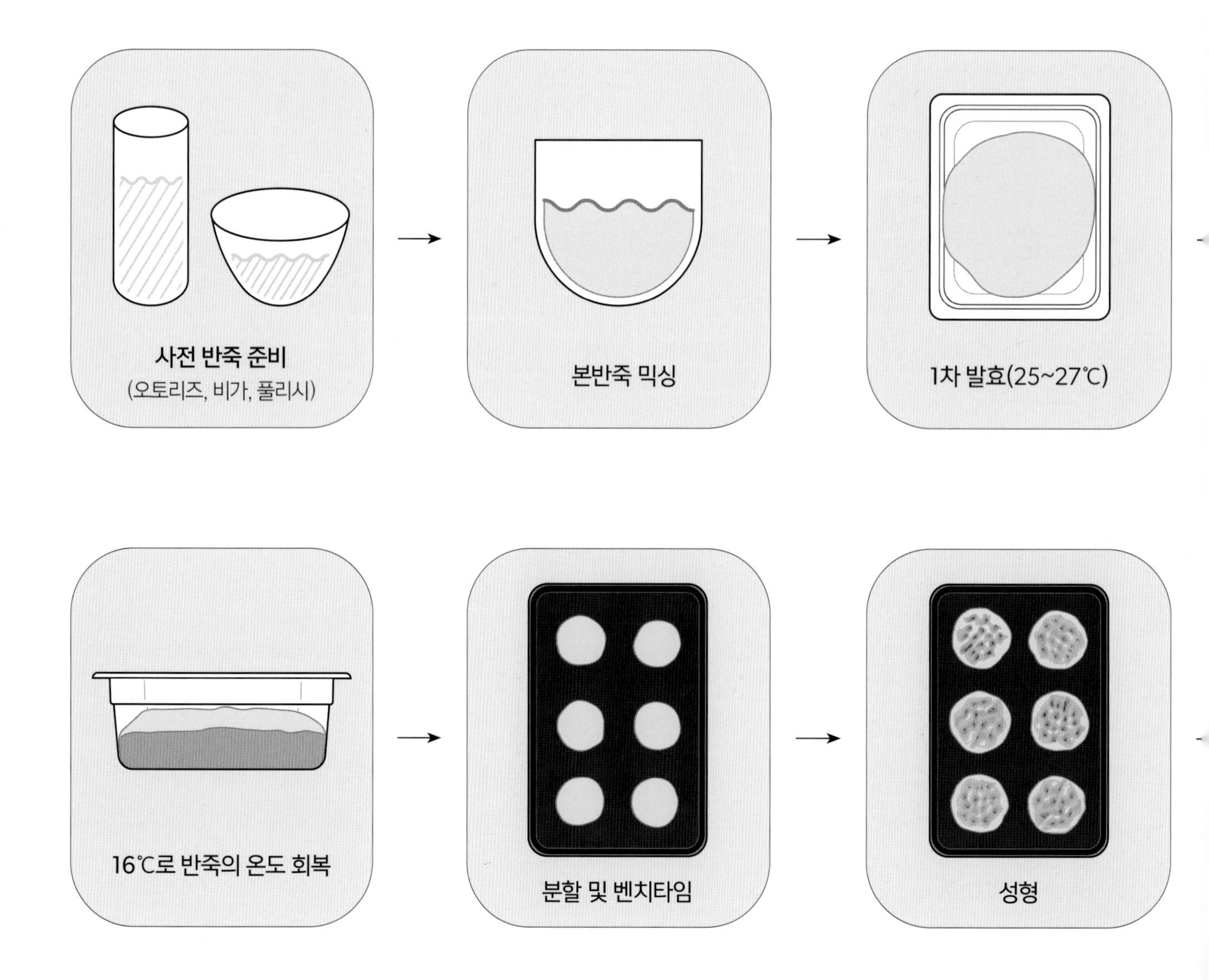

따라서 가장 기본이 되는 포카치아를 익히고 완벽하게 만들 수 있다면 이 책에서 소개하는 수많은 레시피 외에도 다양한 맛과 풍미의 포카치아로 얼마든지 확장시킬 수 있을 것이다.

아래의 일러스트는 이 책에서 설명하는 저온 발효 포카치아가 만들어지는 과정이다. 이 전 과정을 머릿속으로 그려보고 본격적인 이론과 레시피에 접근한다면 다음의 내용들이 좀 더 수월하게 이해될 것이다.

각 단계별 공정에 관한 자세한 설명은 다음 페이지를 참고한다.

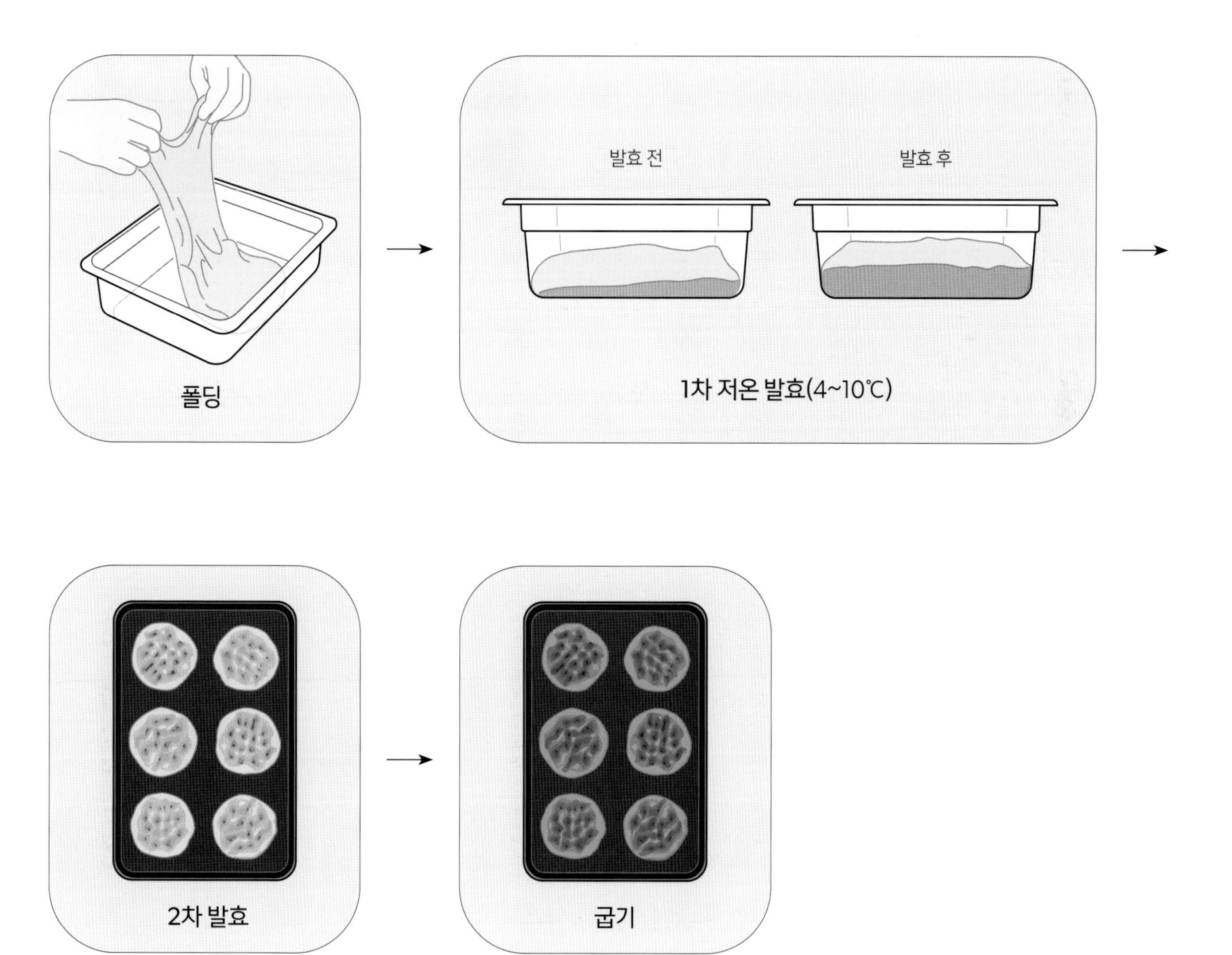

02

포카치아 단계별 공정

❶ 믹싱

만드는 빵의 종류나 사용하는 제법에 따라 다르겠지만 저속에서 오래 믹싱하는 것이 밀가루와 수분이 수화되는 데 더 도움이 된다. 빠른 속도로 믹싱하는 경우 반죽의 산화가 빨라져 밀의 풍미가 떨어지게 된다. 안정된 글루텐의 발전을 위해 적당한 속도로 믹싱하는 것은 대단히 중요하다. 버터, 달걀, 설탕이 들어가지 않는 하드 계열의 빵일수록 밀의 풍미를 최대한 끌어올리기 위해 저속에서 믹싱하는 것이 좋다. 특히 투암 반죽기처럼 저속에서도 글루텐을 효과적으로 만들어 주는 반죽기를 활용한다면 더 좋은 제품을 만드는 데 도움이 될 것이다.

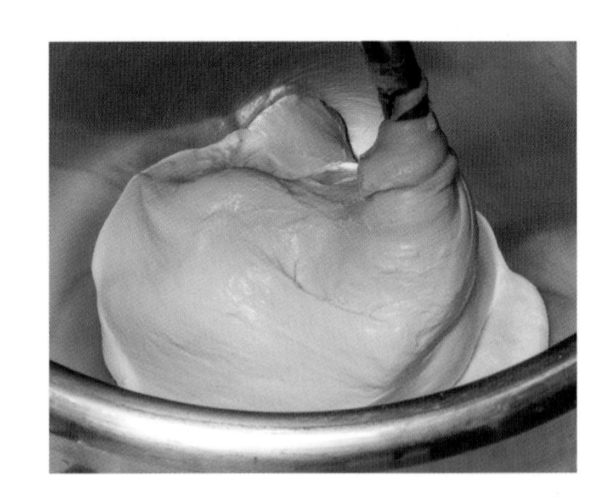

❷ 1차 발효

반죽의 믹싱이 끝나고 이어지는 첫 번째 발효를 1차 발효라고 한다. 이 책에서 설명하는 발효는 크게 실온(25~27℃) 발효와 저온 발효 두 가지로 나눌 수 있다. 저온 발효의 경우 4~10℃ 정도의 온도에서 발효하며, 설정한 온도에 따라 이스트의 활동성이 달라지므로 1차 발효의 온도 설정은 저온 발효에 있어 가장 중요한 포인트로 생각해야 한다. 이스트는 3℃ 이하의 온도에서 비활성 상태가 되는데, 이 온도로 내려갈 때까지는 저온이라 할지라도 계속 발효가 진행된다고 보아야 한다. 그렇기 때문에 저온 발효의 온도는 12~15시간이라는 시간 동안 빵의 풍미를 결정하는 가장 중요한 포인트라고 생각해야 한다.

따라서 저온 발효의 온도를 4~10℃ 사이로 설정할 때는 발효가 계속 진행이 되고 있다는 것을 계속 숙지하고 있어야 하며, 저온 발효 전 실온에서 발효를 얼마나 할 것인지도 신중하게 생각하고 고민해야 한다.

❸ 폴딩

하드 계열 빵을 만드는 기술자라면 대부분 사용하고 있는 방법이다. 폴딩의 목적은 힘이 부족한 반죽에 탄력을 주고 새로운 산소를 공급하는 데 있다. 발효의 과정에서 퍼져 있는 상태의 반죽에 탄력을 주며, 장시간 발효한 반죽의 경우 이산화탄소로 가득한 내부에 다시 새로운 산소를 공급해주어 발효가 되는 데 도움을 준다. 폴딩 횟수는 보통 1~4회 정도로 진행하는데, 이는 반죽의 종류와 이스트의 사용량, 믹싱의 정도에 따라 달라진다.

* 폴딩하는 방법은 33p를 참고한다.

폴딩의 방법

① 밖으로 접는 방법
반죽의 믹싱이 끝나고 본격적인 발효가 진행되기 전의 상태에서 주로 사용하는 방법이다. (이 책에서는 1차 저온 발효에 들어가기 전에 진행되는 폴딩 작업에서 사용한 방법이다.) 아직 발효가 진행되지 않은 상태의 반죽은 겉 표면과 바닥이 모두 매끈한 상태이므로 반죽을 바깥으로 접고 발효를 해도 매끄러운 표면의 상태를 유지할 수 있다. 손반죽으로 작업한 반죽의 경우 총 4회의 폴딩을 하는데 이 경우에도 초반 2회는 밖으로 접는 폴딩이 가능하지만 후반 2회는 안으로 접는 폴딩을 하는 것이 매끄러운 상태의 반죽을 유지하는 데 도움이 된다.

② 안으로 접는 방법
반죽이 효모에 의해 발효가 된 상태에서 주로 사용하는 방법이다. 발효가 이루어진 반죽은 발효의 과정에서 발생되는 탄산가스로 인해 바닥 부분에 그물망 같은 구조의 결이 생기게 되어 거친 상태이다. 따라서 밖으로 접게 되면 바닥 부분의 거친 면이 위로 올라오게 되어 매끈한 상태로 유지하는 것이 어려우므로 안으로 접어 매끈한 상태를 유지하는 것이 발효에 있어 더 좋은 영향을 준다. (반죽을 작업대로 꺼내 사방을 접어 다시 브레드박스에 넣어주는 것도 하나의 방법이다.)

❹ 분할 & 벤치타임

1차 발효가 끝난 반죽을 원하는 크기로 나누는 과정이다. 원하는 크기에 맞춰 무게를 재어 분할하는 방법과, 분할하지 않은 벌크 형태로 철판에 바로 팬닝을 하는 경우가 있다.

크기에 맞춰 무게를 재어 분할하는 경우 1차 발효가 끝난 후 작업하게 되며 성형하는 과정에서 더 쉽게 모양을 만들기 위해 예비 성형을 거치게 된다. 예비 성형을 어떻게 하는지에 따라 성형 시 모양을 더 쉽게 만들 수 있다.

원하는 크기로 분할하는 경우 예비 성형을 하는 과정에서 반죽의 가스가 빠지고 힘이 가해지기 때문에 반죽이 쉴 수 있도록 하여 다시 모양을 만들 수 있는 시간을 주어야 한다. 벤치타임 없이 바로 성형을 할 경우 반죽이 찢어지거나 수축되어 원하는 모양을 만드는 것이 힘들어진다.

❺ 성형

원하는 모양으로 최종적으로 완성하기 위해 꼭 필요한 과정이다. 포카치아의 경우 반죽 표면에 올리브오일을 바르거나, 사용되는 재료들을 올린 후 일정한 간격을 주고 손가락으로 눌러주며 늘려 펴는 과정을 성형이라 한다. (모양에 따라 분할한 반죽을 원형이나 삼각형으로 성형하기도 한다.) 이 과정을 통해 자연스러운 기공과 이에 따른 식감을 만들어주며, 재료를 토핑하는 데도 더 용이한 모양을 만들 수 있다.

❻ 2차 발효

2차 발효는 가장 신중하게 고려해야 하는 공정이다. 빵의 최종적인 질감이 어떻게 완성되는지가 바로 이 과정에서 정해지기 때문이다. 2차 발효가 부족한 반죽은 밀도가 조밀하며 부피가 작아 식감이 무거워지며, 반죽의 색상 또한 밝지 않아 좋은 제품으로 완성하기 어렵다. 반대로 2차 발효가 과하게 진행된 반죽은 발효의 향이 좋지 않거나 신맛이 과하게 나며, 과다한 발효로 인해 구운 후 반죽이 내려앉는 현상이 발생할 수 있다.

따라서 2차 발효는 전체적인 공정을 토대로 결정을 해야 하며, 단순히 시간으로만 확인하고 굽는 결정을 해서는 안된다. 1차 발효가 부족했다면 2차 발효는 그만큼 더 길어져야 하며, 반대로 1차 발효가 과하게 진행되었다면 2차 발효는 그만큼 줄어들어야 한다. 이처럼 전체적인 공정을 잘 이해하고 상황에 따라 판단할 수 있는 경험치가 있어야 최상의 제품을 만들 수 있다.

포카치아의 경우 2차 발효 없이 바로 구워 완성하는 제품도 있는데, 이는 저온에서 충분한 발효를 진행하므로 2차 발효 없이도 쫀득한 식감과 충분한 발효의 향을 느끼는 데 문제가 없기 때문이다. 대표적으로 팔라 도우를 예로 들 수 있다.

❼ 굽기

빵을 만드는 모든 과정의 완결체이며, 이 과정에서 작은 실수로 인해 이제까지 진행했던 모든 과정이 무너지는 허무한 일이 발생할 수도 있다. 굽는 온도와 시간은 빵의 크기나 높이, 레시피에 따라 달라진다.

예를 들어 100g의 비교적 작은 반죽을 굽는다면 보다 높은 온도에서 짧은 시간으로 구워야 수분의 이탈을 방지해 촉촉한 식감으로 완성할 수 있다. 반대로 크고 넓은 철판에 평평하게 반죽을 펼쳐 굽는다면 낮은 온도에서 비교적 긴 시간으로 구워야 한다. (오븐 속에서 수분이 덜 빠지면 납작한 형태로 완성될 수 있으니 주의해야 한다.)

또한 구워지는 색상에 따라 크러스트(껍질)의 식감도 달라지게 되는데, 이는 지역에 따라 취향에 따라 선호하는 구움색의 정도가 다르므로 선택 사항으로 볼 수 있다.

반죽의 폴딩 자세히 알아보기

폴딩은 반죽에 탄력을 주고 새로운 산소를 공급하는 중요한 과정이다. 이 책에서는 반죽이 저온 발효에 들어가기 전에 폴딩을 1회(상하좌우로 1번씩 총 4번) 진행했다. 폴딩의 횟수는 반죽의 종류, 이스트의 사용량, 믹싱의 정도에 따라 달라질 수 있다.

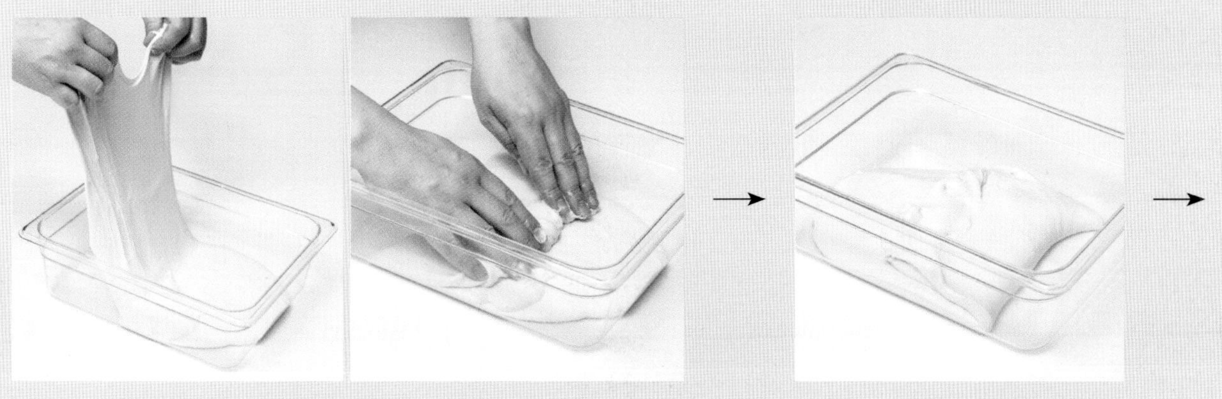

1. 브레드박스 아래쪽 반죽을 들어올려 약 2/3 지점으로 접는다.

2. 브레드박스를 180°로 돌린다.

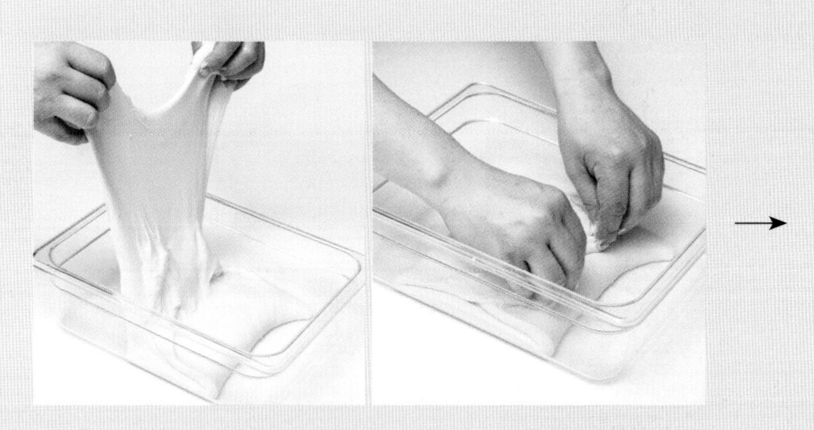

3. 다시 브레드박스 아래쪽 반죽을 들어올려 약 2/3 지점으로 접는다.

포카치아 반죽
밖으로 폴딩하기

포카치아 반죽
안으로 폴딩하기

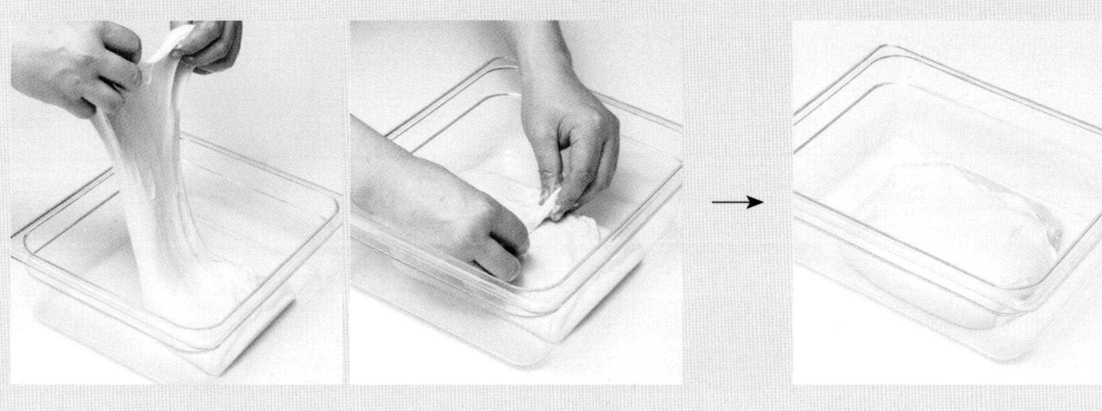

4. 브레드박스를 90°로 돌린 후 아래쪽 반죽을 들어올려 약 2/3 지점으로 접는다.

5. 동일한 방법으로 한 번 더 폴딩한다.
(반죽의 상하좌우 총 4회)

03

당일 생산 VS 저온 발효 생산

당일 생산 공정

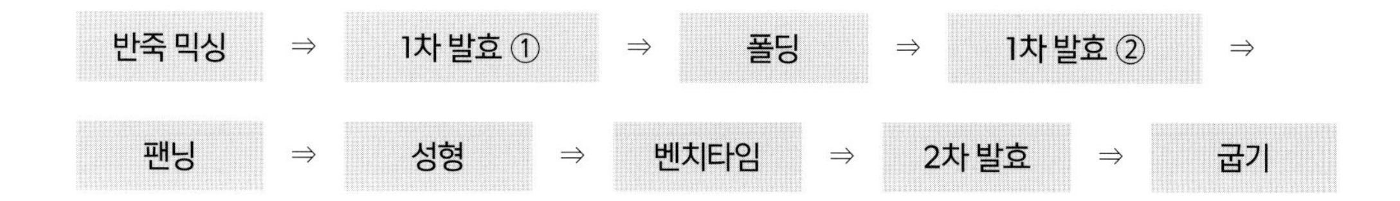

당일 생산 공정은 실온(25~27℃)에서 빠른 발효가 이루어진다. 따라서 저온 발효에서 나타나는 찰진 내상과 저온에서 장시간 발효되면서 얻을 수 있는 깊은 풍미의 특징과 다르게 폭신하면서도 가벼운 내상과 깔끔하고 담백한 맛이 특징이다.

당일 생산을 하는 이유는 저온 발효에 관한 기술적인 부분이 부족하거나 공간이나 냉장 시설의 부족 등 환경이 부적합한 경우일 것이다. 매장에서 저온 발효를 하기 위해서는 우선 생산 환경에 맞춘 기본적인 메뉴얼이 있어야 한다.

저온 발효 생산 공정

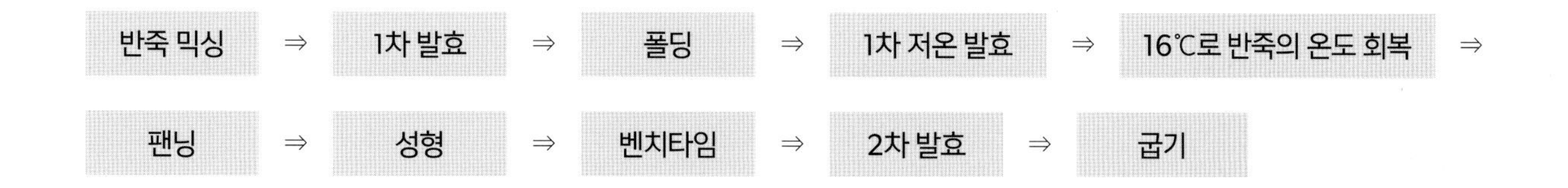

저온 발효로 생산하는 공정에서는 반죽의 믹싱을 마친 후 반죽이 적정 온도에 도달했을 때 폴딩을 해야 하며, 냉장고에 넣는 시점과 발효 시간까지 체크할 수 있어야 하므로 당일 생산보다 더 많은 경험과 계획을 가지고 있어야 한다.

저온 발효의 특징은 장시간 저온에서의 발효를 통해 얻어지는 수많은 미생물에 있다. 저온에서의 발효를 통해 유해균들이 줄어들고, 젖산균이 늘어나기 때문에 장시간 발효된 빵에서만 느낄 수 있는 특유의 맛과 향이 있다. 또한 당일 생산한 제품에 비해 소화도 더 좋고, 빵의 노화도 더 느리며, 바쁜 오전 시간에 더 효율적으로 생산할 수 있는 장점도 있다.

FOCA

CCIA

PART 3

저온 발효 이해하기

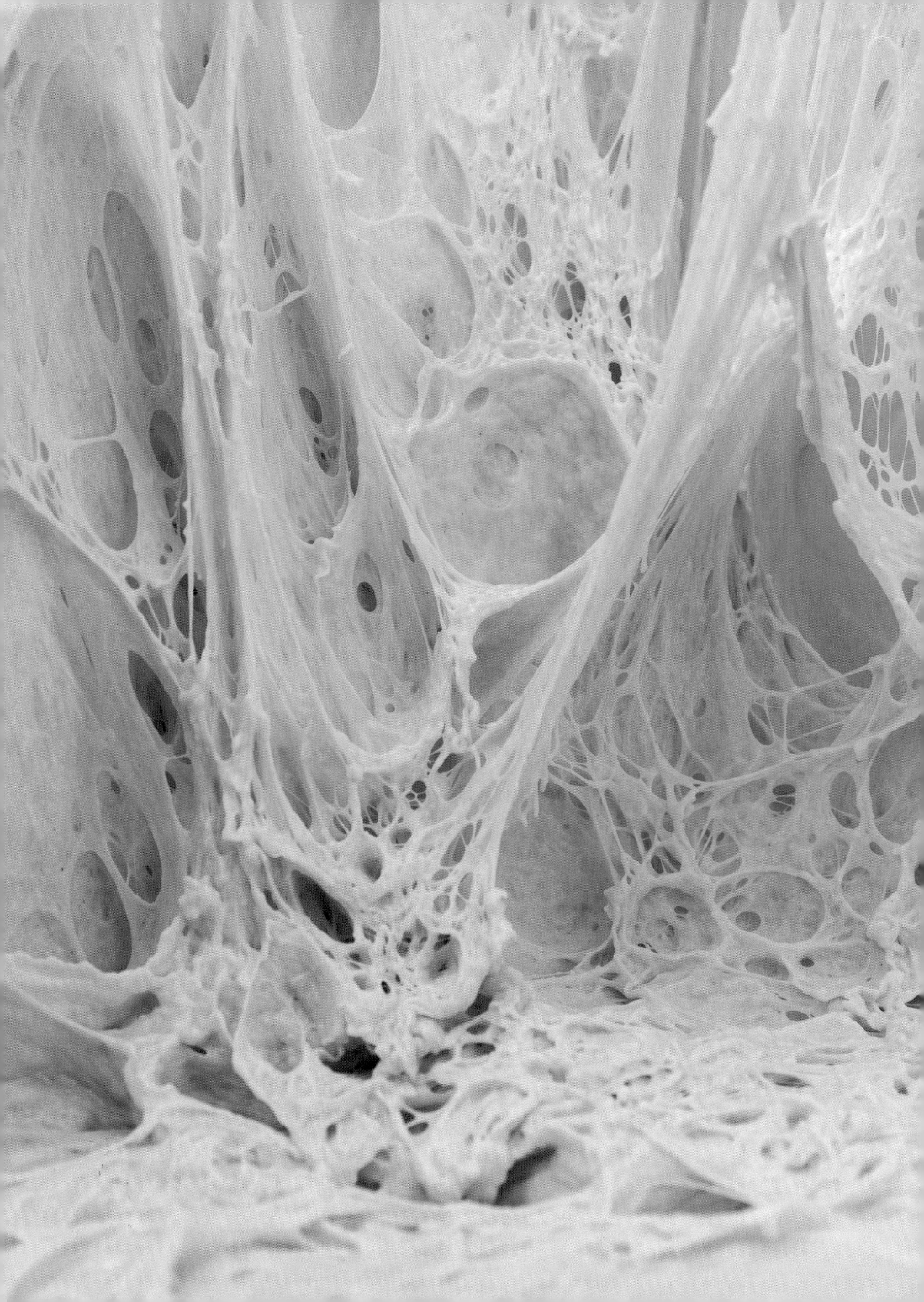

01

저온 발효의 이해

실온(25~27℃)에서의 따뜻한 발효와 저온(4~10℃)에서의 차가운 발효는 그 느낌만으로도 큰 차이를 알 수 있다. 하지만 실온의 따뜻한 발효는 직접 눈으로 반죽의 부풀어오른 상태를 쉽게 확인할 수 있고 저온 발효에 비해 발효의 시간이 짧으므로 중간중간 확인하면서 예측할 수 있는 반면, 저온 발효는 12~15시간이라는 긴 시간 동안 냉장고 안에서 발효가 이루어지는 만큼 더 어렵게 느껴질 것이다. 그만큼 내 작업 환경에서 테스트해보며 반복적인 연습을 통해 경험치가 쌓여야 하는 부분이기도 하다.

나의 경우도 크게 다르지 않다. 가지고 있는 냉장고마다 온도가 다르고, 같은 냉장고라도 어느 곳에 반죽을 두는지 또는 얼마나 많은 양의 반죽이 들어가는지에 따라 12~15시간이 지난 후의 발효된 모습은 모두 다를 수밖에 없다. 이는 빵을 만드는 사람이라면 모두가 경험을 하고 있는 부분이므로, 사업장에서 도우 컨디셔너나 저온 냉장고를 사용해 일정하게 발효 컨디션을 유지하는 것은 매주 중요하다는 것은 누구나 동의하는 사실일 것이다.

만약 가정에서 빵을 만드는 홈베이커라면 냉장 온도를 마음대로 조절할 수 있는 와인셀러나 인큐베이터(시중에서는 '파충류 알 부화기'라는 이름으로 판매되기도 한다.) 같은 비교적 저렴한 기계를 구입해 사용하는 것도 좋은 방법일 것이다. 하지만 이러한 기계가 없더라도 일반 냉장고를 사용할 수 있는 4℃ 저온 발효 방법으로도 충분히 만들 수 있다. (168p 참고)

빵을 생산하는 베이커리의 아침은 매우 분주하다. 매장의 오픈 시간에 맞춰 빵을 반죽하고 구워내려면 새벽 일찍 출근할 수밖에 없을 것이다. 하지만 전날 퇴근하기 전 반죽을 치고 냉장고에 넣어 저온 발효를 해둔다면 다음 날 아침 해야 할 작업이 훨씬 쉬워질 것이다. 1차 발효가 된 반죽이 준비되어 있기 때문에 새벽부터 출근해 반죽을 칠 일도 없을뿐더러, 그만큼 인건비 또한 줄일 수 있다. 여기에 저온 발효를 통해 얻을 수 있는 빵의 풍미로 인해 결과적으로 빵 맛도 좋아진다.

4℃가 아닌, 8℃에서 저온 발효를 하면 어떨까?

개인적으로는 8℃ 온도에서 저온 발효를 하는 것을 더 선호한다. 그 이유는 이스트가 활동하는 온도 즉 8℃에서 발효를 하게 되면 이스트의 계속되는 발효로 인해 결국 더 많은 미생물들이 만들어지고, 그만큼 빵의 풍미도 더 좋아질 것이라 기대하기 때문이다.

물론 과학적인 수치로 증명해보이기는 어렵겠지만, 지금까지 기술자로서 오랜 경험을 통해 몸으로 느끼고 맛본 결과라고 말하고 싶다.

저온 발효를 하면 어떤 것이 좋을까?

보통 빵을 만드는 베이커들은 소화가 잘 되고, 빵의 내상이 찰지며, 노화도 더 늦게 일어난다고 설명할 것이다. 왜일까? 분명히 이런 말에는 발효 과정에서 어떠한 현상이 일어났고 반죽의 변화가 있었다는 것일 텐데, 이때 우리는 효모에 의해 발효 과정에서 여러 가지 미생물의 발생으로 인해 반죽이 변화되었다고 생각을 한다. 이스트는 발효를 하면서 밀에 함유된 전분을 먹이로 삼기 위해 노력한다. (이때 도움을 주는 것이 바로 활성 몰트이다.) 이스트가 당류를 환원시켜 에너지원으로 삼는 과정에서 알코올과 산을 만들게 되고, 이 에너지로 인해 효모가 활동을 하게 된다. 이런 효모의 활동으로 젖산균, 아밀라아제, 아세트산 균처럼 다양한 미생물이 발생되며, 이와 같은 미생물들은 반죽을 더 부드럽게 만들어주며, 우리가 빵을 먹었을 때 소화가 더 잘 되도록 도와주는 역할을 한다.

02

저온 발효 방법 3가지

❶ 벌크 형태의 발효 (1차 저온 발효)

공정

믹싱 ⇒ 1차 발효 ⇒ 폴딩 ⇒ 1차 저온 발

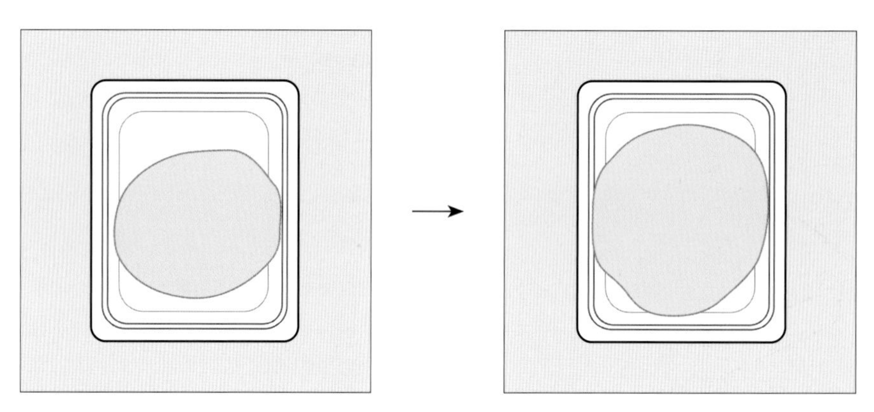

1. 믹싱이 끝나면 반죽 양에 맞는 브레드 박스에 반죽을 담는다.

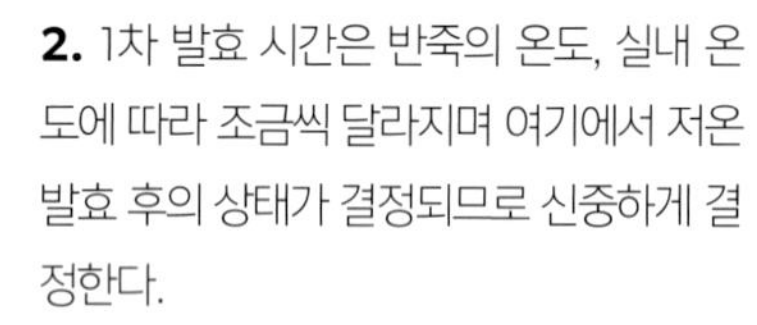

2. 1차 발효 시간은 반죽의 온도, 실내 온도에 따라 조금씩 달라지며 여기에서 저온 발효 후의 상태가 결정되므로 신중하게 결정한다.

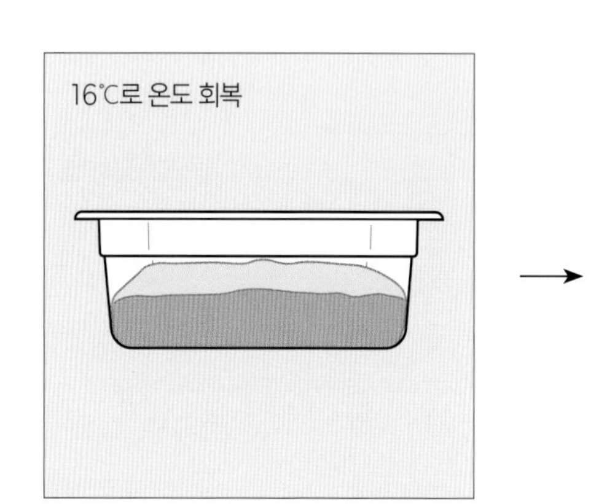

5. 이스트는 16℃가 되면 다시 회복 단계에 들어서고 그 이상이 되면 발효가 활발해지기 때문에 이 포인트에서 성형을 하는 것이 좋다.

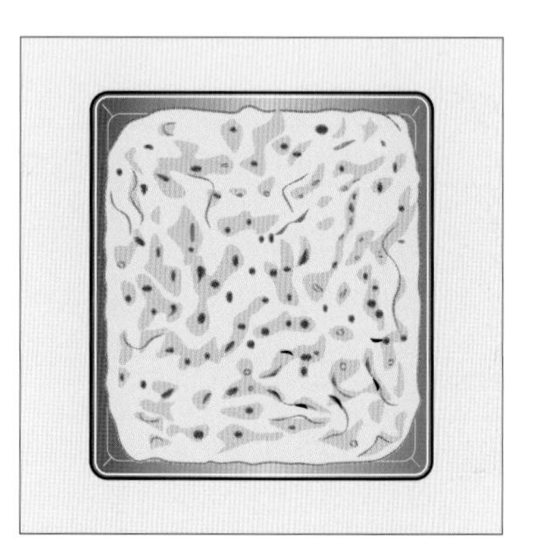

6. 성형이 끝난 반죽은 가장 부드러운 상태의 포카치아로 만들기 위해 2차 발효의 과정을 거치게 되며, 이 과정에서 빵의 질감이 완성된다.

저온 발효는 크게 ❶ 벌크 형태의 발효, ❷ 분할 형태의 발효, ❸ 성형 형태의 발효로 나눌 수 있다. 이 책의 레시피는 벌크 형태로 저온 발효하는 방법으로 설명하지만, 각각의 작업 환경에 따라 선택할 수 있다.

16℃로 온도 회복 ⇒ 성형 ⇒ 2차 발효 ⇒ 굽기

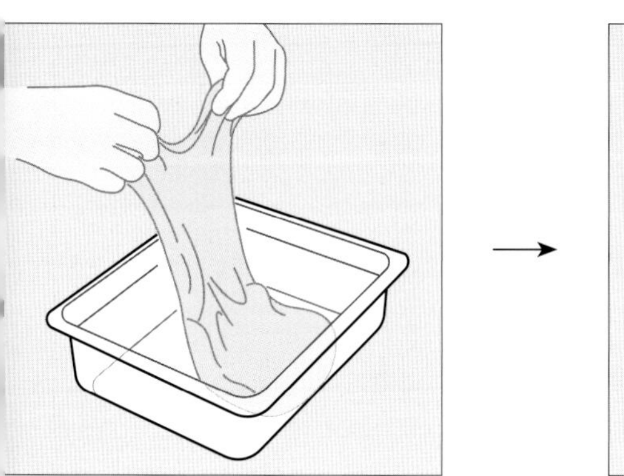

3. 폴딩은 반죽에 탄력을 주며 새로운 산소를 공급하는 역할을 한다.

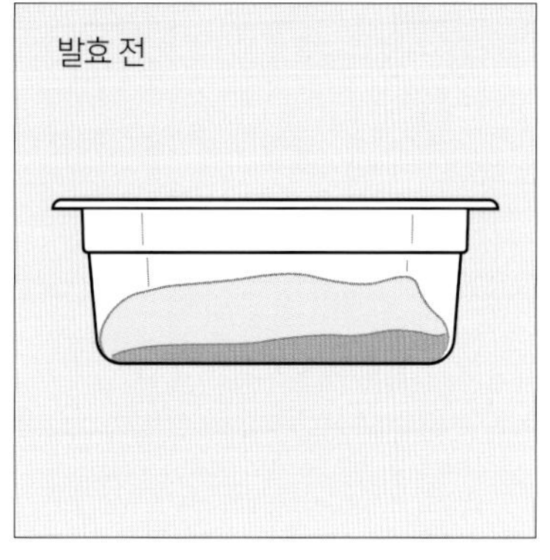

4. 냉장고의 온도에 따라 최종 발효의 부피가 결정되며, 이 포인트에서 1차 발효 시작의 시간을 빠르게 또는 느리게 조절할 수 있다.

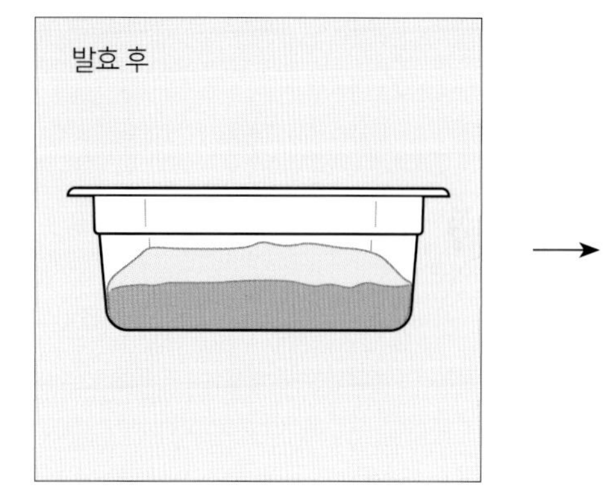

1차 저온 발효가 끝나면 반죽의 발효는 대부분 끝난 상태이며 발효가 부족한 경우 실온에서 발효를 조금 더 진행하는 것이 필요하다.

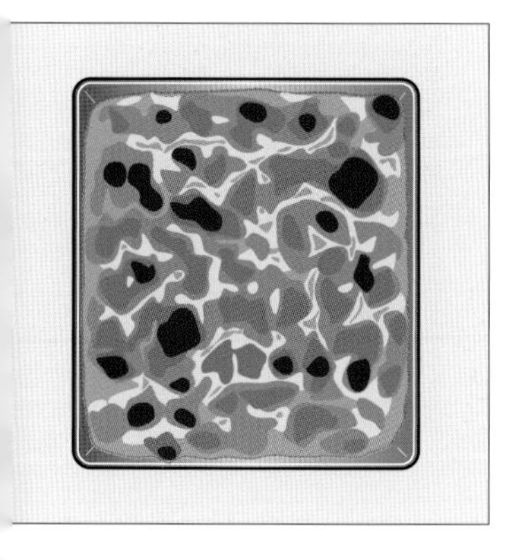

7. 굽기는 빵을 만드는 데 있어 가장 중요한 부분으로 높은 온도에서 구워 빵의 볼륨을 좋게 하고 빵의 수분을 최대한 가둬두는 것이 중요하다. 이는 빵의 촉촉함을 오랫동안 유지할 수 있는 중요한 공정이다. 만약 낮은 온도에서 오래 굽는다면 빵은 틀 안쪽으로 말려 있는 수축된 상태로 완성되며 수분 또한 많이 빠져 있는 상태가 된다.

❷ 분할 형태의 발효
(1차 저온 발효)

공정

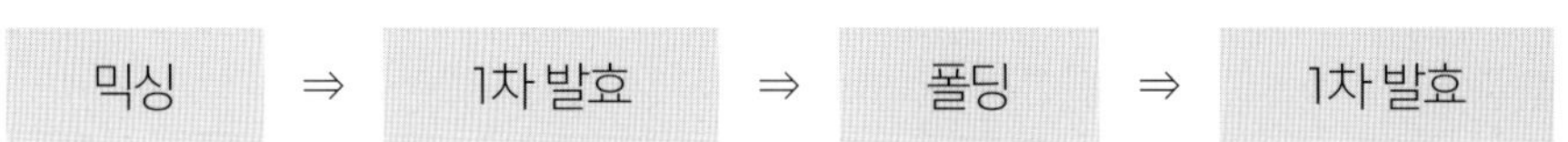

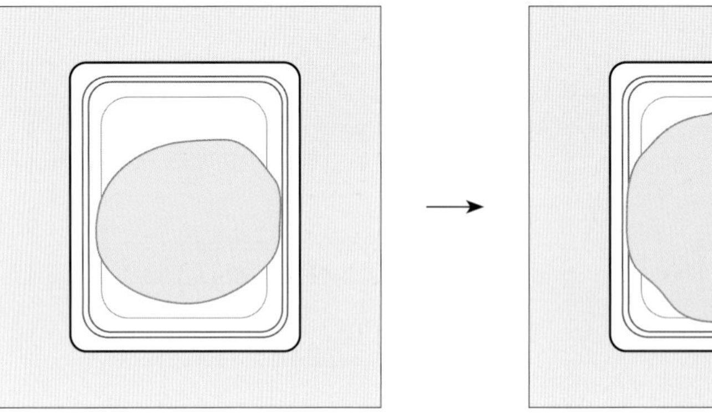

1. 믹싱이 끝나면 반죽 양에 맞는 브레드 박스에 반죽을 담는다.

2. 1차 발효 시간은 반죽의 온도, 실내 온도에 따라 조금씩 달라지며 여기에서 저온 발효 후의 상태가 결정되므로 신중하게 결정한다.

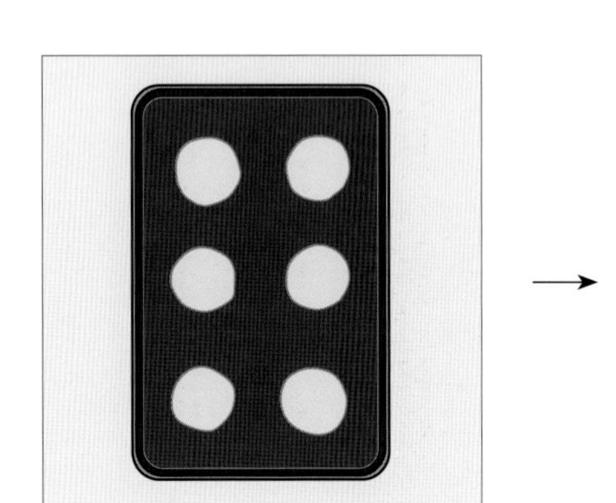

16℃로 온도 회복

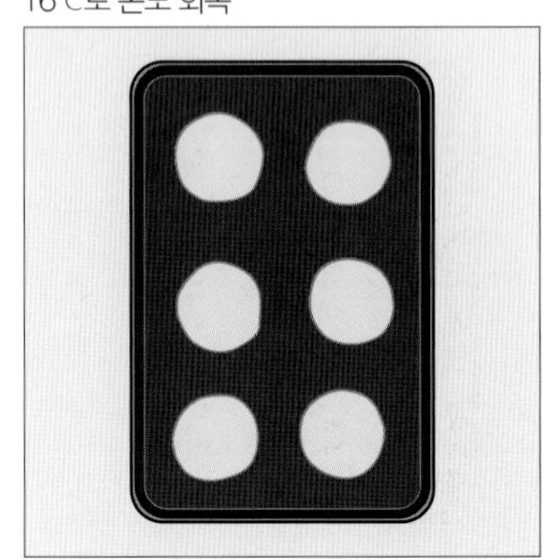

5. 1차 발효가 끝난 반죽은 분할을 하고 일정한 간격을 두고 저온에서 발효를 함으로써 빠르게 저온으로 안정된 상태를 유지할 수 있다.

6. 이스트는 16℃가 되면 다시 회복 단계에 들어서고 그 이상이 되면 발효가 활발해지므로 이 포인트에서 성형을 해야 탄력이 있다.

분할 ⇒ 1차 저온 발효 ⇒ 16℃로 온도 회복 ⇒ 성형 ⇒ 2차 발효 ⇒ 굽기

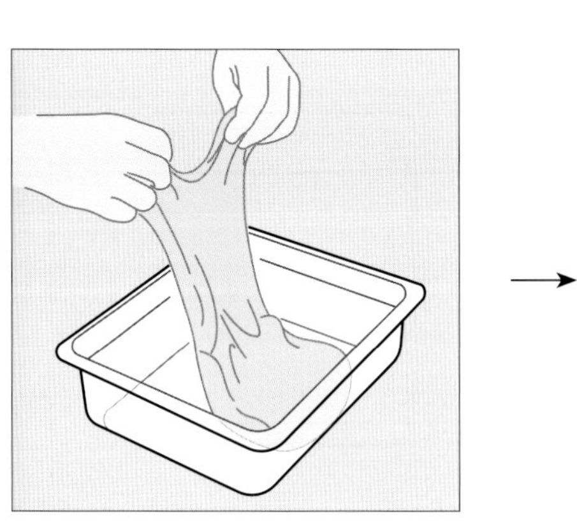

3. 폴딩은 반죽에 탄력을 주며 새로운 산소를 공급하는 역할을 한다.

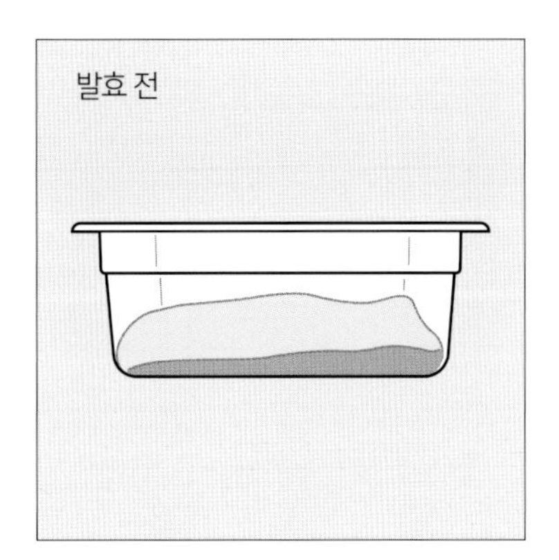

4. 냉장고의 온도에 따라 최종 발효의 부피가 결정되며, 이 포인트에서 1차 발효 시작의 시간을 빠르게 또는 느리게 조절할 수 있다.

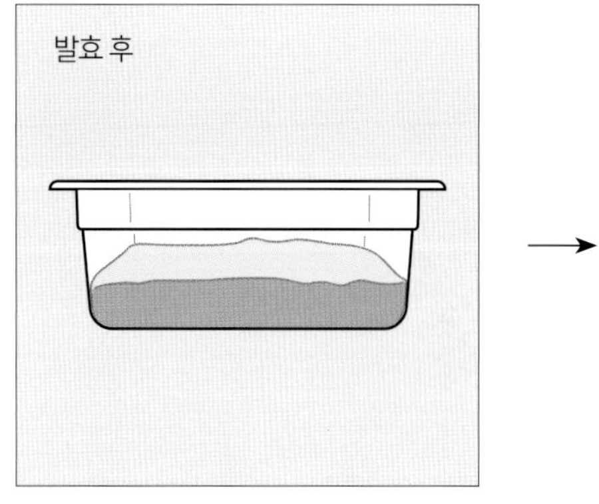

1차 저온 발효가 끝나면 반죽의 발효는 대부분 끝난 상태이며 발효가 부족한 경우 실온에서 발효를 조금 더 진행하는 것이 필요하다.

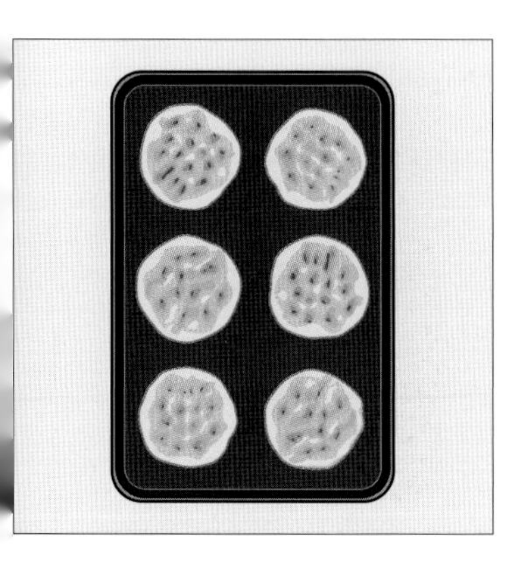

7. 성형이 끝난 반죽은 가장 부드러운 상태의 빵을 만들기 위해 2차 발효를 하고 이 부분에서 빵에 질감이 완성된다.

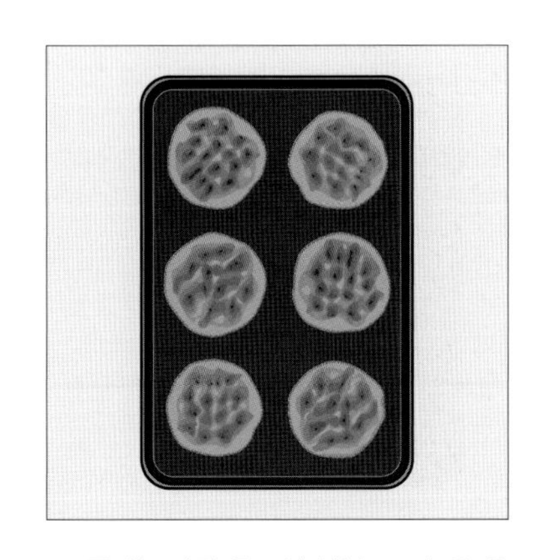

8. 굽기는 가장 중요한 부분으로 높은 온도에서 구워 빵의 볼륨을 좋게 하고 빵의 수분을 최대한 가둬두는 것이 중요하고 이는 촉촉함을 오랫동안 유지할 수 있는 중요한 공정이다.

❸ 성형 형태의 발효
(2차 저온 발효)

공정

믹싱	⇒	1차 발효	⇒	폴딩	⇒	1차 발효

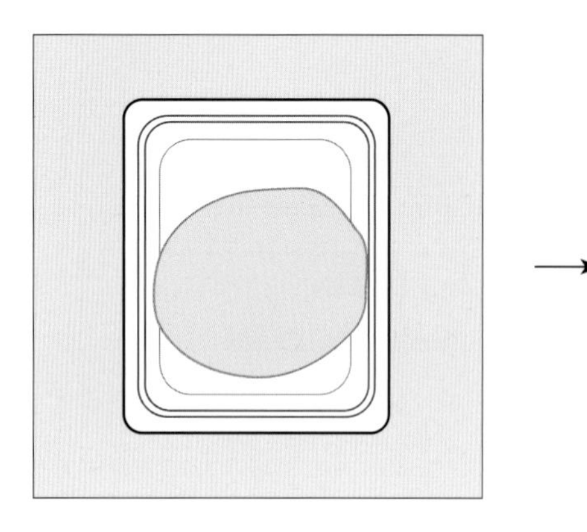

1. 믹싱이 끝나면 반죽 양에 맞는 브레드 박스에 반죽을 담는다.

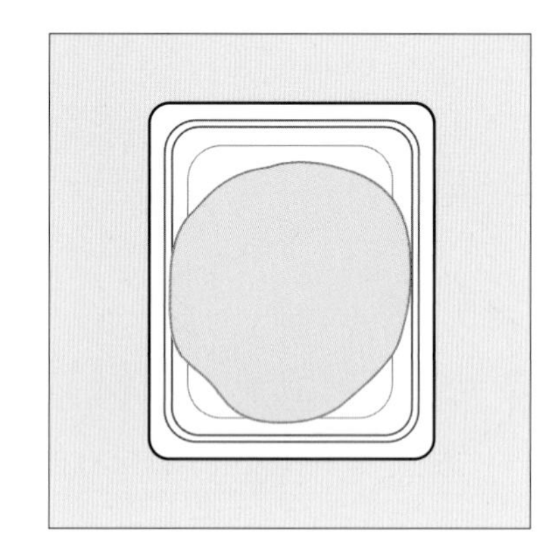

2. 1차 발효 시간은 반죽의 온도, 실내 온도에 따라 조금씩 달라지며 여기에서 저온 발효 후의 상태가 결정되므로 신중하게 결정한다.

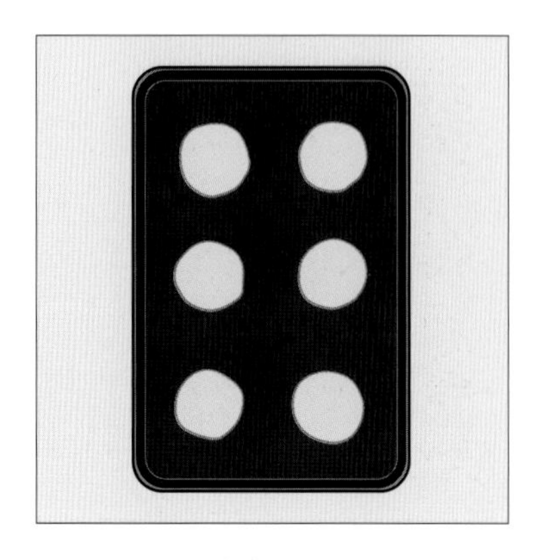

5. 1차 발효가 끝난 반죽은 분할을 한다.

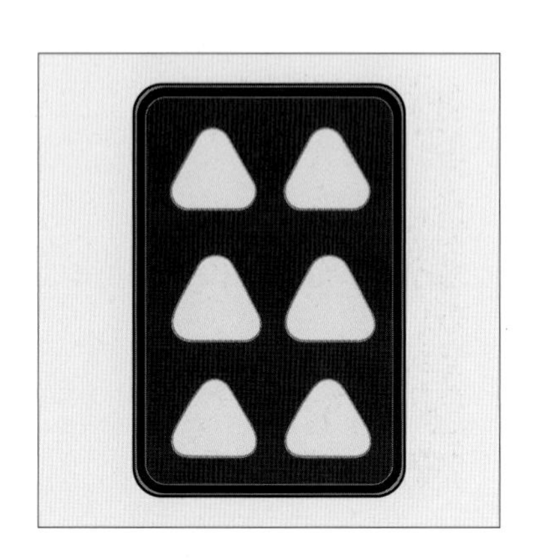

6. 팬에 성형을 한 상태로 저온에서 발효를 하여 보다 빠르게 저온으로 안정된 상태를 유지할 수 있다. 이때 도우 컨디셔너(또는 냉장고)의 온도를 발효가 끝나는 시간에 맞춰 설정하는 것이 중요하다.

분할 ⇒ 성형 ⇒ 2차 저온 발효 ⇒ 반죽의 온도 회복 ⇒ 굽기

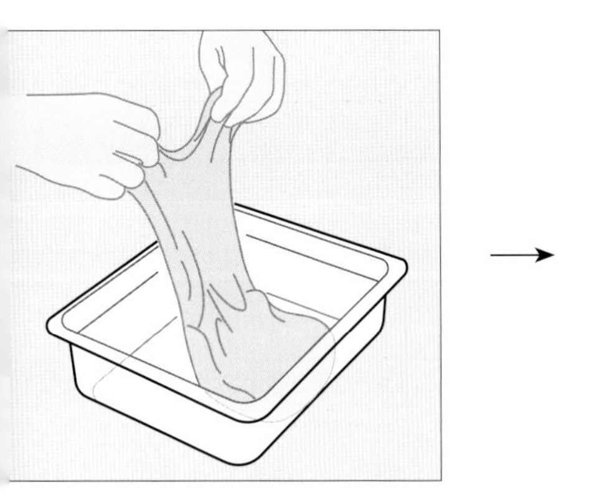

발효 후

3. 폴딩은 반죽에 탄력을 주며 새로운 산소를 공급하는 역할을 한다.

4. 1차 발효가 끝난 반죽은 발효가 상당히 진행된 상태이며, 이때 벌크 형태로 저온 발효에 들어가면 발효가 지나치게 된다.

반죽의 온도 회복

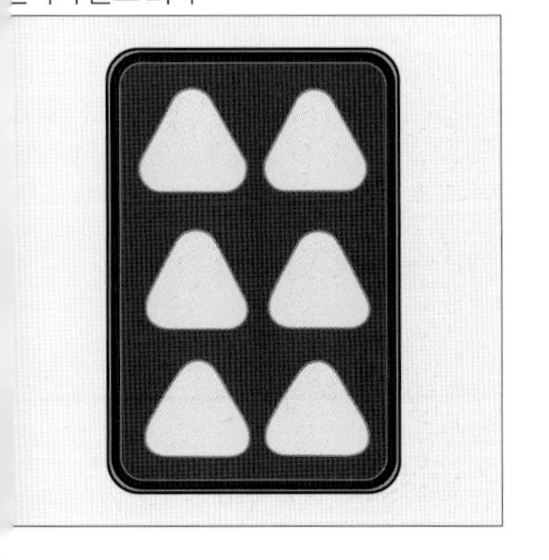

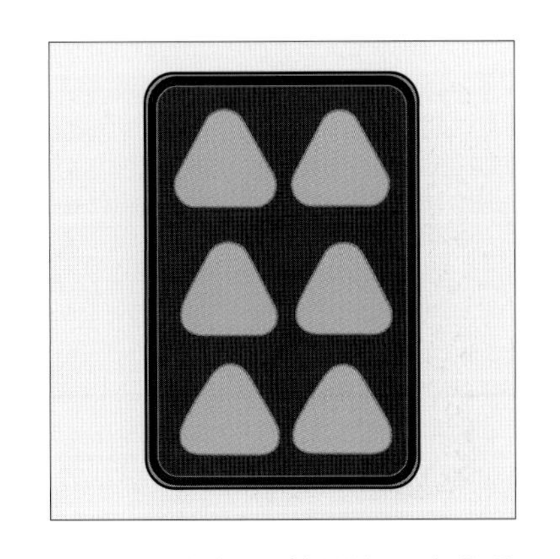

7. 차가운 상태의 반죽은 종류에 따라 바로 굽거나 실온 상태의 온도로 상승시키고 구워야 정상적인 볼륨과 크러스트를 얻을 수 있다.

8. 굽기는 가장 중요한 부분으로 높은 온도에서 구워 빵의 볼륨을 좋게 하고 빵의 수분을 최대한 가둬두는 것이 중요하고 이는 촉촉함을 오랫동안 유지할 수 있는 중요한 공정이다.

03

저온 발효 시 실패하는 요인과 대처하는 방법

1차 저온 발효 시 가장 주의해야 하는 사항은 '이스트의 양에 따라 달라지는 폴딩 포인트'이다. 아래 표를 보며 밀가루 100% 대비 이스트의 사용양에 따른 공정의 변화를 살펴보자.

밀가루 대비 생이스트 함량	공 정	냉장 온도
0.2%	1차 발효 **150분**(발효 상태 확인 가능) → 폴딩 → 저온 발효 시작	4°C
0.4%	1차 발효 **100분**(발효 상태 확인 가능) → 폴딩 → 저온 발효 시작	4°C
0.6%	1차 발효 **80분**(발효 상태 확인 가능) → 폴딩 → 저온 발효 시작	4°C
1%	1차 발효 **40분**(발효 상태 확인 불가) → 폴딩 → 저온 발효 시작	4°C
2%	1차 발효 **20분**(발효 상태 확인 불가) → 폴딩 → 저온 발효 시작	4°C

★ 조건 : 반죽 온도 24℃, 1차 발효 온도 25℃, 습도 75%

위의 표처럼 이스트의 사용양에 따라 폴딩의 시점과 저온 발효의 시점이 달라진다. 동일한 레시피에서 이스트의 양을 늘리거나 줄일 경우 폴딩 시점을 정확하게 체크한 후 저온 발효를 시작하는 것이 중요하다. 만약 정해진 시간보다 늦게 폴딩할 경우 과발효가 되어 반죽의 가운데 부분이 내려앉거나 힘이 없는 상태의 반죽이 된다.

◆ 폴딩 시점이 늦어진 경우

① 기존 브레드박스보다 더 넓은 브레드박스로 반죽을 옮긴다.
→ 반죽의 면적을 넓혀 빠르게 온도를 낮추기 위한 과정이다.

② 잠시 냉동고에 넣어 반죽의 온도를 빠르게 낮춘다.

③ 다시 저온(냉장)으로 옮겨 발효를 시작한다.
→ 이스트의 활동이 실온에서 필요 이상으로 된 만큼 빠르게 온도를 낮춰 이스트의 활동을 억제시켜 최종적으로 정상적인 발효를 할 수 있다.

● 실온 발효에서 알아두어야 할 포인트

저온에서 발효를 마친 반죽은 실온 발효를 어떻게 하는지에 따라 최종 결과물이 달라진다. 언제 성형을 할지 판단하는 것은 아주 중요한 부분이며, 낮은 온도의 반죽을 바로 성형하는 것은 결과적으로 좋은 품질의 빵을 얻지 못하는 요인이 된다. 그렇기 때문에 성형하기 전 16~18°C로 온도를 회복하는 과정은 가장 중요한 포인트이다.

저온에서 1차 발효 후의 반죽 온도	정상적인 제품을 얻기 위한 1차 발효 이후의 공정	결과
4°C	4°C에서 바로 분할 → 실온에서 16~18°C로 온도 회복 → 성형 → 2차 발효	정상
	10°C에서 분할 → 실온에서 16~18°C로 온도 회복 → 성형 → 2차 발효	정상
	16°C에서 분할 → 실온에서 18°C로 온도 회복 → 성형 → 2차 발효	정상

저온에서 이스트가 제대로 활동하지 못한 상태에서 바로 분할을 하고 성형을 하게 되면 갑자기 따뜻한 공간에 노출되면서 반죽이 늘어지는 상태가 되며 딱딱한 식감의 빵으로 만들어지므로, 1차 저온 발효 후 반죽(이스트)의 온도 회복은 꼭 필요한 과정이라고 생각한다.

아래 표의 경우에는 정상적인 빵을 완성하는 데 좋지 않은 결과를 보여준다.

1차 발효 후의 반죽 온도	공정	결과
4°C	4°C 분할 → 벤치타임 20분 → 10°C 성형 → 2차 발효	비정상

많은 분들이 간과하는 것 중 하나가 바로 온도의 회복 없이 또는 감각만을 믿고 바로 성형을 하는 것이다. 숙련된 기술자가 아니라면 반드시 반죽의 온도를 정확하게 체크하고 반죽의 상태를 확인한 후 다음 공정으로 넘어가야 한다.

저온 발효 후 반죽의 냉기가 덜 빠진 상태로 성형을 하고 빵을 굽게 되면 구워져 나온 빵의 표면에 기포가 심하게 생길 수 있고, 거친 식감을 가지게 되며, 빵의 노화 속도 또한 빨라진다.

04

1차 저온 발효에서 알아두면 좋은 포인트

포카치아를 예로 들어보자. 1차 저온 발효를 어떤 온도에서 진행하는지에 따라 이스트의 활동이 멈추거나, 천천히 진행하는 상태가 되기 때문에 결과적으로 내상과 크러스트, 풍미에 많은 차이가 발생하게 된다.

아래 표를 확인해보자. 1차 발효를 25℃에서 발효, 폴딩한 후 저온으로 발효했을 때 반죽의 온도에 따라 16℃가 되는 온도 회복 시간과 2차 발효의 시점이 달라지는 것을 알 수 있다.

특히 아침 시간에 빵을 빠르게 생산하기 위해서는 10℃ 저온에서 발효를 진행하면 총 시간을 줄일 수 있으며, 이때 1차 발효 시간을 줄여야 하는 부분을 꼭 참고해야 한다.

아래 표는 1차 저온 발효 온도에 따라 16℃로 온도가 회복되는 시간을 예로 설명한 것이다.

1차 발효의 조건 (온도 25℃, 습도 75% 기준)	1차 저온 발효의 조건	15시간 후 발효 상태	16℃로 온도가 회복되는 데 걸리는 시간
60분 발효 후 폴딩	온도 4℃, 습도 75%	100% 발효	90분
40분 발효 후 폴딩	온도 7°C, 습도 75%	100% 발효	60분
20분 발효 후 폴딩	온도 10°C, 습도 75%	100% 발효	40분

위의 표에서 본 대로 저온 발효 온도에 따라 1차 발효와 2차 발효 시간이 달라지기 때문에 생산성에도 큰 도움이 되는 중요한 기술적인 부분이다.

1차 저온 발효를 예로 들었지만 결론적으로 앞서 설명한 분할 또는 성형 형태의 저온 발효와 2차 저온 발효에서도 같은 원리로 동일하게 적용할 수 있다. 이로 인해 더 편리하고 쉽고 빠르게, 더 맛있는 빵을 소비자에게 아침 일찍 전달하는 것이 가능해진다.

◆ 온도에 따른 반죽의 발효(성장) 상태

모든 조건이 동일한 상황에서 저온 발효의 온도를 각각 4°C, 8°C로 설정했을 때 반죽의 발효 상태이다. 즉, 저온 발효의 온도가 높을수록 반죽의 발효도 빠르게 진행되는 것을 확인할 수 있으며, 이에 맞춰 앞뒤 과정의 시간 계획을 세울 수 있어야 한다.

4°C 8°C

"

12~15시간 동안 저온 발효한 후
16°C로 온도를 회복시킨 포카치아 반죽은
보다 더 깊이 있고 복합적인 발효의 향을 가지게 된다.
브레드박스에서 뒤집으면 충분히 발효된 반죽이
그물망 같은 구조의 모습을 보인다.

"

FOCA

CCIA

PART 4

재료와 도구

01

밀가루

강력분(국내산)

이 책에서는 코끼리 강력분을 사용했다.

강력분은 빵을 만들 때 국내에서 가장 많이 사용하는 밀가루로 우유 식빵, 브리오슈 등 단과자빵 반죽 계열에 주로 사용된다.

빵을 만드는 데 기준이 되는 중요한 포인트는 단백질과 회분의 함량이다. 일반적인 강력분은 단백질 함량이 11~13.5% 정도이다. T55 밀가루처럼 회분 함량이 높은 밀가루는 단백질 함량이 11% 정도로 준강력분으로 볼 수 있으며 하드 계열의 빵을 만들 때 부드러운 크러스트(껍질)와 식감을 얻기 위해 사용된다.

같은 강력분이라도 브랜드마다, 제품마다 단백질과 회분 함량이 모두 다르므로 만드는 이의 선택에 따라 빵의 최종 맛과 질감이 달라진다.

중력분

이 책에서는 큐원 중력밀가루(1등급)를 사용했다.

중력분은 단백질 함량이 8~11% 정도로 강력분에 비해 낮다. 주로 국수를 만들 때나 다목적 용도로 사용된다는 것은 누구나 알고 있는 상식일 것이다. 하지만 빵을 만들고 레시피를 개발하면서 중력분을 다른 용도로 사용하기도 한다.

나의 경우 프랑스 연수 시절 지역의 전통 빵을 만드는 세미나에서 T55 밀가루를 사용하여 빵을 만드는 것을 보고, 한국으로 돌아와 국내에서 누구나 쉽게 구할 수 있는 중력분으로 레시피를 테스트해보면서 무반죽빵이나 바게트를 만들기도 했다.

즉, 중요한 것은 어떤 식감으로 빵을 만들지에 따라 중력분도 그 용도에 맞춰 사용할 수 있다는 것이다.

박력분

이 책에서는 큐원 박력분을 사용했다.

박력분은 단백질 함량이 6~8% 정도로 밀가루 중 가장 단백질 함량이 낮아 주로 케이크나 쿠키 등 제과의 영역에서 사용된다. 하지만 나의 경우 빵의 질감을 부드럽게 만들고 싶거나, 빵이 수축되는 현상을 줄이기 위해 강력분에 소량의 박력분을 블렌딩해 사용하기도 한다. 보통 강력분 대비 10~20%의 비율로 박력분을 사용하는데, 이 경우 글루텐 조직을 조금 더 부드럽게 만들어 씹히는 식감이 너무 강하지 않은, 좀 더 잘 끊어지는 식감의 빵으로 완성할 수 있다.

영양강화밀가루 & 초강력분

이 책에서는 로저스(ROGERS) 실버스타 밀가루를 사용했다.

초강력분은 단백질 함량이 일반 강력분(11~13.5%)보다 높은(13.5% 이상) 밀가루를 말한다. 단백질 함량이 높다는 것은 말 그대로 힘이 강한 밀가루라는 뜻으로 생각할 수 있다.

영양강화밀가루는 밀가루에 부족한 영양 성분을 보충하기 위해 밀가루에 니코틴산, 비타민C, 환원철, 질산염, 비타민B1, 엽산, 알파아밀라제(비세균성) 등의 성분을 첨가해 만든 것이다. 밀가루를 영양 강화시킨 것이므로 일반 밀가루보다 힘이 훨씬 강하며, 개량제를 넣은 것처럼 발효될수록 더 강한 탄성을 가지게 된다. 힘이 강한 밀가루이므로 질긴 식감의 빵으로 완성되는 경우도 많은데, 반대로 이러한 특징을 파악하고 잘 활용한다면 표현하고자 하는 질감의 빵으로 완성할 수도 있다. (이 경우 수분을 충분히 첨가하는 것이 중요하다.)

따라서 빵을 만들 때에는 반드시 표현하고자 하는 질감과 식감, 볼륨 등을 고려해 밀가루를 선택해야 하며 이와 함께 수분의 양도 조절해가며 테스트해보는 것이 중요하다.

영양강화밀가루와 초강력분의 특징을 잘 알고 사용한다면 원하는 결과를 얻을 수 있지만, 특징을 잘 파악하지 못한 상태에서 일반 강력분을 사용한 배합과 동일하게 적용한다면 예상치 못한 결과를 초래할 수 있다.

예를 들어 바게트를 만든다고 생각하고 비교해보자.

밀가루	성분	수분	질감
국산 강력분	밀 100%	70%	일반적인 질감
초강력분(실버스타)	밀 + 영양 강화 성분	85~90%	탄력 있는 질감

밀가루를 사용하기 전 표시된 성분을 확인하는 것도 중요하다. 영양강화밀가루의 특징을 잘 활용하고 충분한 수분을 첨가한다면 더 촉촉하고 쫀득한 식감의 빵을 만들 수 있을 것이다.

프랑스 밀가루(T65)

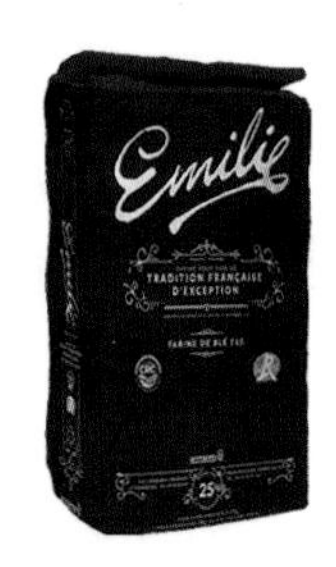

이 책에서는 지라도(Minoterie Girardeau) T65 에밀리 트레디션 밀가루를 사용했다.

T는 Type을, 숫자 65는 회분 함량을 의미한다. 즉, 회분 함량이 0.65%의 밀가루라는 뜻이다. 이 책에서는 구수한 맛과 조금 더 가벼운 식감을 표현할 수 있는 밀가루를 사용했고, 경우에 따라 약간의 몰트가 섞인 밀가루도 사용했다. 만약 비타민C가 첨가된 밀가루를 사용할 경우 반죽이 발효되면서 더 강한 탄력이 만들어지므로 반드시 이 점을 인지하고 사용해야 한다.

듀럼밀과 세몰리나

듀럼밀은 주로 파스타를 만들 때 사용되는 밀의 한 품종이다. 단백질 함량은 11~14% 정도이며, 제분을 어떻게 하는지에 따라 고운 입자, 중간 입자, 거친 입자의 밀로 구분되며 사용하는 용도도 달라진다.

이 책에서는 카푸토(CAPUTO) 세몰리나를 사용했다.

피자 반죽의 경우 중간 정도의 입자로 제분한 듀럼밀을 사용하는데, 이렇게 제분된 밀을 '세몰리나'라고 부른다. 세몰리나는 피자의 반죽으로 사용하기도 하고, 단단한 밀의 특성상 덧가루로 사용되기도 한다. 덧가루로 사용할 경우 구워져 나온 후에도 겉에 묻어 있는 세몰리나 가루가 고소한 맛을 더해준다.

단단한 밀인 세몰리나는 소화가 느리게 진행되어 혈당지수(GI: Glycemic Index)*가 낮은 편이다. 중간 정도의 입자로 제분한 세몰리나는 포카치아나 바게트 반죽에 일정량(밀가루 대비 20~30% 정도) 사용하면 찰진 식감과 고소한 맛을 줄 수 있다.

*** '혈당지수'란**

식품을 섭취했을 때 혈당의 상승률을 수치로 나타낸 것이다. 혈당지수가 높은 식품은 탄수화물이 빠르게 분해되어 혈당이 오르고, 혈당지수가 낮은 식품은 천천히 분해되어 혈당이 느리게 올라간다.

밀가루를 잘 알고 사용하면 다양한 맛과 식감의 표현이 가능해진다. 현재 국내에서 들어와 있는 밀가루는 예전에 비해 매우 다양하다. 따라서 밀가루에 대한 기본적인 지식과 성질을 파악한다면 원하는 맛과 식감으로 얼마든지 만들 수 있다.

이 책을 집필하면서 밀가루를 어떻게 사용했고, 어떤 생각으로 레시피를 만들었는지에 대한 이야기를 하고 싶다.

나의 경우 먼저 밀가루의 맛을 선택한 후 빵의 질감을 결정한다.

① 밀가루의 맛을 선택한다.

우리가 매일 먹는 쌀도 생산되는 지역에 따라 맛이 다른 것처럼 밀가루도 마찬가지다. 미국, 캐나다, 호주, 터키, 일본 등 밀이 생산되는 지역 또는 제분하는 회사에 따라 수많은 종류의 밀가루가 있으므로 원하는 맛과 식감의 제품을 완성하기 위해서는 그것을 표현할 수 있는 밀가루를 선택하여 적절하게 블렌딩을 해야 한다.

② 빵의 질감을 선택한다.

빵의 질감은 여러 가지 방법으로 만들어진다. 반죽에 사용하는 이스트의 양에 따라 발효의 시간이 달라지며, 이에 따라 빵의 질감도 달라지게 된다. 또한 개량제를 사용하는 반죽은 그 영향으로 빵이 질겨지거나 탄력이 생기기도 한다. 하지만 기본적으로 우리가 선택해야 하는 것은 밀가루가 가지고 있는 '힘'이다.

첨가물이 섞이지 않은 강력분(100% 밀가루)의 경우 힘은 다소 약한 편이며(단, 단백질의 함량에 따라 다를 수 있다.), 반대로 영양 성분이 첨가된 영양강화밀가루나 단백질 함량이 높은 초강력분일수록 힘이 좋아진다.

내가 만들고자 하는 빵을 계획하고 여기에 맞춰 단백질 함량이 11~16% 사이인 강력분으로 조절한다면 다양한 질감의 빵을 만들 수 있다.

이탈리아 밀가루

FORTE
STRONG
TIPO 00
W 330
P/L 0.60

이 책에서는 MOLINO DALLA GIOVANNA사의 far focaccia 밀가루를 사용했다.

* 이 밀가루는 비에스푸드빌(bsfoodville.com)에서 유통하고 있다.

* 비에스푸드빌
@bsfoodville15666121
02-3453-1269

● 이탈리아 밀가루의 분류

이탈리아 밀가루의 경우 '00', '0' , '1', '2' 등은 전통적으로 밀가루를 태우고 남은 재(회분)의 함량을 기준으로 분류한다.

00 : 회분 함량 0.55%
0 : 회분 함량 0.55 ~ 0.65%
1 : 회분 함량 0.65 ~ 0.80%
2 : 회분 함량 0.80 ~ 0.95%

* 회분 함량이 1.30 ~ 1.70% 사이인 것은 통밀이다.

● 이탈리아 밀가루 정보란에 적힌 W, P/L의 의미

W : 빵을 만들 때 필요한 강도, 즉 힘을 뜻한다. 숫자가 높을수록 반죽의 힘이 강하다. 예를 들어 W320보다 W390이 더 힘이 좋은 밀가루이므로, 브리오슈 계열 또는 파네토네와 같이 고배합의 빵을 만들 때 사용하기에 좋다. 밀가루 자체가 반죽되는 과정에서 액체를 흡수하고 팽창하는 동안 이산화탄소를 유지하는 능력을 나타내며 이것의 가치는 함량, 특히 글루텐을 함께 구성하는 글루아딘과 글루텐의 함량에 달려 있다.

*** 밀가루의 대체**
W280 = 중력분으로 대체 가능
W300 = 중력분 8 : 강력분 2 비율로 대체 가능
W320 = 중력분 4 : 강력분 6 비율로 대체 가능
W360~W390 = 강력분~초강력분으로 볼 수 있는 밀가루이므로, 일반 강력분이나 초강력분 중 단백질 함량이 12~15.5% 정도인 밀가루로 대체할 수 있다.

* MOLINO DALLA GIOVANNA사의 far focaccia 밀가루 대신 CAPUTO사의 Saccorosso 밀가루를 사용해도 좋다. 단, 동량으로 사용 시 수분의 양을 조절한다. (최대 10%까지 늘어날 수 있다.)

P/L은 밀가루를 정확하게 설명하기 위해 P/L비율을 곡선의 비율로 나타내는 W와 함께 고려된다. P/L이 높은 밀가루는 높은 끈기(P high)와 낮은 신장성을(L short)을 특징으로 하는 반면, P/L이 낮은 밀가루는 낮은 끈기와 높은 신장성을 가진다.

P : 탄성(반죽을 늘렸을 때 다시 돌아가려는 성질)을 뜻한다.

L : 신장성(반죽이 늘어나는 성질)을 뜻한다. 피자 반죽처럼 잘 늘어나야 하는 반죽에 사용하면 좋은 결과를 얻을 수 있다.

밀가루를 대체할 때 주의해야 할 점

빵을 만드는 데 있어 가장 기본이 되는 재료이자 가장 높은 비율을 차지하는 재료가 바로 밀가루이다. 그렇기 때문에 사용하는 밀가루가 바뀌게 되면 당연히 맛과 식감이 달라질 수밖에 없다. 하지만 이 책에서 사용한 포카치아 전용 밀가루를 다른 밀가루로 대체해야 한다면 다음의 사항들을 잘 고려해 테스트해보길 바란다.

① 밀가루가 가지고 있는 수분의 함량을 체크한다.

: 포카치아 전용 밀가루는 우리나라의 일반 강력분에 비해 수분을 많이 흡수하지는 않지만 쫀득한 느낌의 반죽의 질감과 늘어지는 상태가 다르므로 이 부분을 잘 고려해 레시피를 잡아야 한다.

예 포카치아 밀가루 1000g → 코끼리 강력분 800g + 중력분 200g

밀가루가 바뀌었을 때 가장 중요하게 생각해야 하는 부분이 바로 수분의 양을 맞추는 것이므로, 이 경우 기존에 사용했던 물(수분)의 양에서 10%를 제외하고 저속으로 믹싱을 하면서 반죽의 상태를 확인해가며 조정수로 되기를 맞추는 것이 실패하지 않는 방법이다.

② 밀가루가 가지고 있는 글루텐 함량을 체크한다.

밀가루마다 글루텐의 함량이 모두 다르다. 특히 이탈리아 밀가루의 경우 W와 P/L의 수치가 중요한 의미를 가지므로 꼭 참고해 사용해야 한다. 우리나라의 일반 강력분의 경우 대부분 단백질의 수치를 보고 밀가루가 가지고 있는 힘을 생각하게 된다. 하지만 반죽을 하다보면 믹싱 중간부터 두 반죽의 힘이 다르게 느껴지는데, 이는 밀가루가 가지고 있는 특징이 다르기 때문이다. 따라서 밀가루가 달라지면 맛과 식감, 쫀득함의 정도가 다르게 느껴질 수밖에 없다. 그러므로 반죽의 수분을 가감하는 경우 반드시 믹싱이 70% 이상 진행되었을 때 결정하는 것이 바람직하다.

이 책을 작업하면서 수많은 밀가루를 테스트해보고 배합을 수정해가며 각 제품에 맞는 가장 이상적인 레시피로 완성해 책에 담았다. 물론 맛이나 식감에 있어 정해진 답이 있는 것은 아니지만 그간의 경험을 바탕으로 한국인 대부분이 호불호 없이 맛있게 먹을 수 있도록 완성했다.

이 책에서는 일반(국산) 강력분, 프랑스 밀가루, 이탈리아 밀가루, 곡물가루 등 국내에서 구할 수 있는 다양한 종류의 밀가루를 활용해 포카치아를 만들었다.

여기에서 사용한 이탈리아 밀가루 또한 여러 브랜드의 제품을 비교해가며 테스트해보았는데 최종적으로 빵의 크러스트(껍질)의 바삭함이 오래 유지되고, 밀 고유의 풍미가 좋고, 씹는 식감 또한 다른 밀가루에 비해 더 힘있게 느껴지는 MOLINO DALLA GIOVANNA사의 far focaccia 밀가루가 가장 마음에 들었다. 이 밀가루를 사용했을 때 내가 생각하는 가장 이상적인 포카치아의 맛과 식감으로 완성되었다.

저배합 반죽용 레드 이스트

고배합 반죽용 골드 이스트

* 이 책에서는 사프**saf**사의 세미 드라이 이스트를 사용했다.

02

이스트

이 책에서는 천연 효모(천연발효종, 자연에 존재하는 효모를 배양해 만든 것) 대신 상업용 이스트, 그 중에서도 세미 드라이 이스트를 사용했다.

상업용 이스트의 종류

생이스트

- 수분 함량 70% 내외로 현재 쉽게 구할 수 있는 상업용 이스트 중 수분 함량이 가장 높은 이스트이다.
- 이스트 특유의 풍미가 뛰어나다.
- 고배합과 저배합 반죽에 모두 사용 가능하다.
- 냉장고에서 보관하며 30일 이내로 사용해야 한다.
- 덩어리로 사용하기보다는 잘게 잘라 사용하는 것이 좋으며, 미지근한 물에 풀어 사용하면 발효력이 더 좋다.

인스턴트 드라이 이스트

- 수분 함량 5% 내외의 건조한 이스트이다.
- 가루 상태 그대로 밀가루 반죽에 투입해 사용한다.
- 개봉하지 않은 상태에서는 2년, 개봉 후 냉장 또는 냉동고에서 3개월간 보관하며 사용할 수 있다.
- 개봉 후에는 가능한 빨리 사용하는 것이 좋으며, 사용 후에는 공기가 들어가지 않도록 밀폐해 보관하는 것이 중요하다. (saf사에서는 개봉 후 일주일 사용을 추천)
- 빵을 자주 만들지 않는다면 소포장된 제품을 사용하는 것이 좋다.

세미 드라이 이스트

- 수분 함량 25% 내외의 건조한 이스트이다.
- 가루 상태 그대로 밀가루 반죽에 투입해 사용한다.
- 개봉 전 2년 동안 냉장고에서 보관이 가능하며, 개봉 후에는 반드시 냉동고에 보관하며 사용한다. (개봉 후 유통기한은 1년이다.)
- 생이스트 1 : 세미 드라이 이스트 0.4~0.5 비율로 대체할 수 있다.

03

물

물은 빵을 만드는 데 있어 가장 중요한 재료 중 하나다. 어떤 물을 사용하는지에 따라 반죽의 힘이 강해지거나, 약해지는 등 변화되기 때문이다.

예전에 컨설팅을 했던 베이커리 중 지하수를 사용하는 곳이 있었는데 반죽을 하는 내내 신경이 쓰여 힘들었던 적이 있었다. 이를 통해 경수인 지하수를 사용하면 반죽의 글루텐이 강해지고 수분 흡수율도 더 높아지는 것을 경험했다.

물은 칼슘과 마그네슘 이온 양에 따라 경수, 연수, 산성수, 알칼리수로 나뉜다. 빵을 만들 때 보통 수돗물을 사용하는데 수돗물은 경도 100mg/L 이하의 연수에 속한다. (pH는 보통 7.0~7.5 정도인데 지역에 따라 ±1 정도로 차이가 있을 수 있다.) 그래서 경수인 지하수보다 연수인 수돗물이 빵을 만들기에 더 적합하다. 정수된 물을 사용하는 경우 반죽이 힘 없이 늘어지는 상태가 될 수 있다. 그만큼 물은 신중하게 선택해야 하는 재료 중 하나다.

프랑스 수돗물은 석회질을 포함하고 있는 경수이므로 반죽을 할 때 금방 탄력이 생기고 힘이 좋아지는 것을 경험할 수 있는데 이는 경수가 가진 특징 때문이다. 바게트를 만들 때 밀가루와 물만 넣고 저속으로 믹싱을 해도 반죽이 잘 되는 이유도 바로 같은 이유에서다. (반대로 연수를 사용하면 반죽 시간이 더 길어지게 된다.)

* 이 책에서는 마루비시사의 몰트엑기스(몰트에이스)를 사용했다.

04

몰트

몰트(malt)는 맥아, 보리, 콩 등의 곡류에 수분, 온도, 산소를 주어 발아시킨 것을 말한다. 발아에 의해 다량의 아밀라아제가 생성되기 때문에 곡류 속 녹말이 당화되어 발효가 쉬워진다. 여기에서 주목할 점은 활성 몰트인지, 비활성 몰트인지에 따라 반죽에 들어갔을 때 발효의 속도가 달라진다는 것이다.

국내에서는 대부분 비활성 몰트를 사용한다. 비활성 몰트는 빵의 구움색을 좋게 하거나, 이스트의 먹이가 되게 하여 활성을 돕는 역할을 한다. 반면 활성 몰트는 녹말을 당화시키기 때문에 발효가 훨씬 쉽게 이루어진다.

포카치아나 바게트류의 빵은 당분이 들어가지 않기 때문에 몰트를 첨가함으로 영양분을 공급하게 되고 이를 통해 좋은 발효 상태로 만들어준다.

05

올리브오일

올리브오일은 이탈리아 빵에서 빼놓을 수 없는 재료이다. 빵의 맛을 우선으로 생각하는지, 원가를 우선으로 생각하는지에 따라 베이커리 매장에서 사용하는 올리브오일의 종류도 달라질 것이다. 나의 경우 올리브오일의 맛과 향을 우선으로 생각하기 때문에 엑스트라버진 올리브오일을 사용하고 있으며, 원가 부분도 고려해 엑스트라버진 등급 중 합리적인 가격대의 제품을 사용하고 있다. 비싼 제품이 꼭 최상의 품질을 만드는 것은 아니라고 생각한다. 올리브의 깊은 향이 있는 엑스트라버진 등급의 제품이라면 결과물에서도 충분히 좋은 풍미를 얻을 수 있다.

국내 재료상에 올리브오일을 주문하면 대부분 포머스 오일을 받을 것이다. 포머스 오일은 가장 마지막에 열을 가해 짜낸 정제된 오일로 볼 수 있는데, 올리브 특유의 풍미를 느끼기 어렵고 맛도 떨어지므로 빵 반죽에 사용하는 것은 추천하지 않는다. 대신 발연점이 높아 튀김이나 볶음 요리에 사용하기에는 적합하다.

올리브오일의 종류

엑스트라버진 올리브오일

올리브에 열을 가하지 않고 첨가물 없이 순수하게 짜내어 만든 방식의 오일이다. 주로 샐러드 드레싱이나 소스, 빵을 찍어 먹는 용도로 많이 사용된다. 가장 처음 짜낸 오일이기 때문에 녹색 빛을 띤다. 제품에 따라 올리브 향이 강하거나, 약간의 쓴맛을 내는 종류도 있다.

퓨어 올리브오일

엑스트라버진 올리브오일에 정제된 오일을 섞어 만든 것으로, 엑스트라버진 올리브오일에 비해 맛과 풍미가 떨어진다. 발연점이 높아 튀김 요리에도 사용이 가능하며, 정제된 오일이기 때문에 투명한 노란 빛을 띤다.

포머스 올리브오일

엑스트라버진 올리브오일을 짜낸 후 열을 가해 마지막으로 다시 짜낸 방식의 정제된 오일이다. 올리브의 풍미는 전혀 느낄 수 없으며 일반 식용유와 비슷한 색을 띤다. 튀김 용도로만 사용하는 것이 적합한데, 간혹 베이커리에서 이를 인지하지 못하고 사용하는 경우도 있다. 포머스 올리브오일을 포카치아 반죽에 사용하면 구워져 나왔을 때의 부드러움은 비슷할 수 있지만 맛과 풍미에서는 확연히 차이가 나는 것을 느낄 수 있다. 개인적으로 좋은 품질의 이탈리아 빵을 만들고 싶다면 정제하지 않은 올리브오일을 사용하는 것을 추천한다.

06

오븐

유로 데크 오븐

유럽 빵을 만드는 오븐의 특징은 아랫불(밑불)에 중심을 둔다는 것이다. 유럽 빵은 보통 크기가 크고 무겁다. 그렇기 때문에 화덕처럼 바닥에 돌을 깔고 뜨겁게 달군 후 발효된 반죽을 넣어 뜨거운 돌에 의해 단시간에 오븐 스프링이 일어나게 만든다. 이 방법은 빵의 내상을 가볍게 만들어주는 데 중요한 역할을 한다. 여기에 스팀을 추가하면 오븐 속 습도와 온도를 높여 빵의 표면이 쉽게 마르는 것을 방지하며 더 좋은 볼륨감까지 얻을 수 있게 된다.

컨벡션 오븐

컨벡션 오븐은 열선의 열로 구워지는 데크 오븐과 다르게 열풍으로 구워지는 방식이다. 그래서 열풍에 의해 빵의 윗면이 먼저 말라버리는, 데크 오븐과는 정반대의 현상이 생기게 되는데(데크 오븐의 경우 열선이 오븐의 바닥과 윗면에 있으므로 빵의 바닥 면이 먼저 마른다.) 이러한 이유로 컨벡션 오븐으로 바게트를 구워본 홈베이커라면 바게트 옆면이 터지는 경험이 한 번쯤은 있을 것이다.

컨벡션 오븐으로 유럽 빵을 구울 때는 오븐용 스톤이나 다이캐스팅 팬을 오븐에 넣고 충분히 예열해 뜨겁게 만든 다음, 그 위에 반죽을 올려 굽는다면 보다 완성도 높은 빵을 만들 수 있을 것이다. (유럽 가정에서도 이런 방법을 많이 사용한다.)

또한 스팀 기능이 없는 오븐이라도 분무기를 사용하거나 달궈진 맥반석에 뜨거운 물을 부어 스팀을 만들어준다면 포카치아처럼 가벼운 반죽은 빠른 시간 안에 볼륨이 올라오는, 완성도 높은 제품으로 만들 수 있다.

포카치아는 보통 반죽 위에 올리브오일을 바르거나 다양한 토핑을 얹기 때문에 컨벡션 오븐에서도 빵 윗면이 쉽게 마르지 않고 오븐 스프링에도 큰 영향을 주지 않기 때문에 좋은 결과를 얻을 수 있다.

*** 스팀 작업은 왜 필요할까?**

뜨겁고 건조한 상태의 오븐 안에 스팀을 주어 수분을 추가하면 뜨거우면서도 습한 상태가 된다. 습기가 있는 오븐에 반죽을 넣으면 반죽의 표면이 마르지 않으며, 반죽이 팽창하는 것과 오븐 스프링을 높이는 데 큰 영향을 준다. 단, 너무 많은 양의 스팀을 주게 되면 오히려 빵이 질겨지거나 구움색에 좋지 않은 영향을 주게 되니 주의해야 한다.

*** 스팀 기능이 없는 오븐 & 스팀 기능이 있는 가정용 오븐으로 스팀의 효과를 줄 수 있는 방법**

베이커리 전문 매장에서는 대부분 스팀 기능이 있는 오븐을 사용하지만 가정에서 사용하는 컨벡션 오븐의 경우 스팀 기능이 없는 경우가 많다. 이 경우 다양한 방법으로 스팀의 기능을 대체할 수 있다.

① 맥반석을 사용하는 방법

: 오븐 바닥에 맥반석 자갈을 담은 팬을 두고 가장 높은 온도로 설정한 후 충분히 예열한 다음, 반죽을 넣고 뜨거워진 맥반석에 뜨거운 물을 한 컵 정도 부어 인위적으로 스팀을 만들어준다. 이 방법은 여러 방법 중 가장 효과적이라고 할 수 있다. 뜨거워진 맥반석이 오랫동안 열을 유지하기 때문에 물을 부어도 온도가 쉽게 내려가지 않아 빵의 구움색을 내거나 볼륨을 만드는 데도 좋다. 단, 뜨거운 돌에 갑자기 물을 부으면 돌이 갈라지거나 파편이 튈 수도 있으므로 주의하며 작업한다.

② 분무기를 사용하는 방법

: 오븐을 가장 높은 온도로 설정하고 예열한 후 반죽을 넣고 따뜻한 물이 담긴 분무기로 반죽의 아래 위에 골고루 분사하면 오븐 내부의 뜨거운 열기에 의해 스팀이 발생한다. 분무기는 맥반석을 사용하는 경우보다 온도를 유지하는 것이 어렵기 때문에 빵의 구움색이나 볼륨의 증가가 빠르게 일어나지는 않지만 스팀을 사용하지 않는 것보다는 좋은 제품으로 완성할 수 있다.

③ 스팀 기능이 있는 가정용 오븐을 사용하는 방법

: 가정용 컨벡션 오븐의 경우 대부분 %로 스팀을 설정하게 되어 있다. 이 경우 사용 방법을 잘 모르면 너무 낮은 온도 때문에 빵의 구움색이나 볼륨이 오히려 더 좋지 않게 완성될 수도 있다. 오븐의 온도를 가장 높게 설정하고 예열한 다음 반죽을 넣기 전 스팀을 80%로 설정해 분사한 후 유리에 습기가 생기면 즉시 문을 열고 반죽을 넣는다. 반죽이 부풀어오르는 것이 보이면(보통 약 2분의 시간이 소요된다.) 습도를 0%로 변경한 후 레시피에 제시된 온도로 낮춰 굽는다. 대부분의 가정용 오븐은 전력이 약해 스팀 기능을 사용하면 내부 온도가 떨어지므로 스팀을 너무 오래 주는 것은 오히려 빵에 좋지 않은 영향을 줄 수 있으므로 주의한다.

07

반죽기

반죽기의 종류는 여러 가지다. 빵의 종류에 따라 잘 맞는 반죽기도 있고, 배합(양)에 따라 잘 맞는 반죽기도 있다. 모든 종류를 설명할 수는 없지만 크게 유럽의 하드 계열 빵, 동양의 스위트한 계열의 빵을 만들 때 사용하는 반죽기는 어느 정도 정해져 있다. 유럽 빵을 만들 때는 스파이럴 반죽기를, 스위트한 빵을 만들 때는 버티컬 반죽기를 사용하는 것이 일반적이다.

사용하는 반죽기에 따라 소요되는 시간, 글루텐의 강도가 달라지므로 기술자에게 있어 반죽기의 선택은 매우 중요한 부분일 것이다. 어떤 반죽기를 사용하는지에 따라 소요되는 시간이나 최종 결과물이 조금씩 다를 수 있으므로, 각자가 사용하는 반죽기에 맞춰 테스트해보는 것이 좋겠다.

나의 경우 컨설팅 의뢰를 받고 출장을 가기 전 가장 먼저 물어보는 것이 바로 반죽기의 형태와 크기이다. 매장에서 어떤 반죽기를 사용하는지를 알면 그에 맞춰 믹싱하는 방법과 시간을 생각해둘 수 있어 계획대로 일을 진행할 수 있기 때문이다. 그만큼 반죽기는 빵을 만드는 데 있어 가장 중요한 설비로 볼 수 있다.

반죽기의 종류

버티컬 반죽기

버티컬 반죽기는 수직 반죽기라고도 부른다. 제조사에 따라 RPM이 다르므로 반드시 사용할 반죽기의 성능을 잘 이해하고 반죽을 해야 한다.

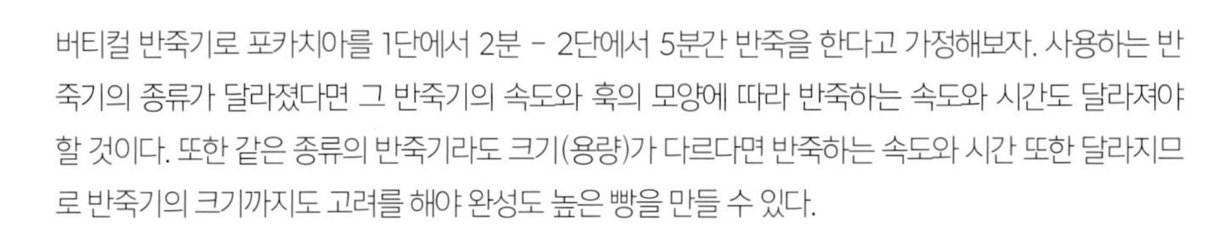

버티컬 반죽기로 포카치아를 1단에서 2분 - 2단에서 5분간 반죽을 한다고 가정해보자. 사용하는 반죽기의 종류가 달라졌다면 그 반죽기의 속도와 훅의 모양에 따라 반죽하는 속도와 시간도 달라져야 할 것이다. 또한 같은 종류의 반죽기라도 크기(용량)가 다르다면 반죽하는 속도와 시간 또한 달라지므로 반죽기의 크기까지도 고려를 해야 완성도 높은 빵을 만들 수 있다.

예를 들어 20L 용량의 믹싱볼에서 밀가루 1kg짜리 반죽이 정상적으로 완성되었다고 가정해보자. 가정에서 사용하는 7L 용량의 믹싱볼에 밀가루 500g짜리 반죽을 하는 경우 어떻게 될까? 어느 정도의 글루텐이 형성되면 반죽이 훅 위로 말려 올라가게 되고, 정상적인 글루텐을 만들기 위해 더 빠른 속도로 믹싱을 하면서 강한 회전력에 의해 말려 올라간 반죽이 아래로 내려오면서 글루텐이 형설될 것이다. 이때 주의해야 하는 것이 바로 '반죽의 온도'이다. 20L 용량의 믹싱볼보다 빠른 속도로 믹싱을 하기 때문에 마찰력으로 인해 반죽의 온도가 높아지게 되고, 이에 따라 반죽의 산화도 더 빠르게 진행될 것이다. 따라서 레시피에 적힌 시간과 속도에 의존하기보다는 각자의 반죽기에 맞춰 시간과 속도를 계산하는 것이 바람직하다.

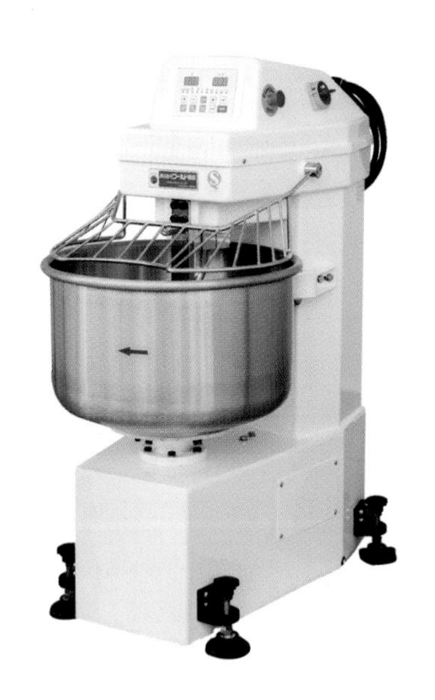

스파이럴 반죽기

스파이럴 반죽기는 유럽 국가와 국내에서 많이 사용되는 반죽기 중 하나다. 강한 힘이 특징인 스파이럴 반죽기는 믹싱 시 반죽을 강하게 말아주어 저속에서도 글루텐의 탄력을 강하게 잡아줄 수 있다. 일반적으로 반죽의 양이 많을 때 더 유리하므로 대부분의 베이커리 매장에서 사용하는 반죽기이며, 요즘에는 작은 용량으로도 출시가 되면서 가정에서도 많이 사용되고 있다.

스파이럴 반죽기의 단점은 반죽의 온도가 상승했을 때 온도를 낮출 수 있는 방법이 없다는 것이다. 버티컬 반죽기의 경우 얼음물이 든 볼을 믹싱볼 아래에 받쳐 반죽의 온도를 낮출 수 있지만, 스파이럴 반죽기는 볼이 회전하면서 믹싱되는 방식이라 얼음물을 받칠 공간이 없다. 따라서 반죽의 최종 온도를 감안해 사용하는 재료들의 온도를 잘 체크해 믹싱하는 것이 중요하며(온도가 높은 여름철의 경우 밀가루나 수분 재료를 냉장고에 넣어두고 차가운 상태로 사용하는 것이 도움이 된다.), 온도계로 체크해가며 확인하는 것이 중요하다. 또한 버티컬 반죽기에 비해 글루텐의 형성이 빠르며, 눈으로 보이는 것보다 믹싱의 정도가 오버되어버리는 경우도 많으므로 중간중간 체크해야 한다.

투암 반죽기

투암 반죽기는 말 그대로 두 손으로 반죽을 하듯 두 개의 긴 반죽 날이 서서히 반죽을 믹싱하는 방식의 반죽기로, 반죽의 산화가 적고 밀가루 고유의 풍미를 유지하는 데 뛰어나다. 투암 반죽기의 가장 큰 특징은 마찰력이 적어 반죽의 온도 상승이 다른 반죽기에 비해 낮다는 것이다. 주로 바게트 등 유럽 빵을 만드는 데 사용하는데, 요즘은 파네토네처럼 고배합 반죽을 믹싱할 때도 버티컬 반죽기와 다르게 사람의 손으로 잡아 늘리듯 반죽해 자연스러운 글루텐 형성과 오븐 스프링에 도움을 주므로 고배합 반죽을 믹싱할 때도 사용하기에 좋다.

또 한 가지 기억해야 하는 것은 밀가루와 수분이 수화되는 시간이 긴 만큼 반죽이 더 많은 양의 수분을 흡수한다는 것이다. 그래서 다른 반죽기로 믹싱할 때보다 더 많은 수분을 첨가할 수 있으며, 그만큼 더 촉촉하고 부드러운 빵을 만드는 데 유리하다. 또한 글루텐 조직도 버티컬 반죽기나 스파이럴 반죽기로 믹싱할 때에 비해 더 탄력 있게 완성된다. 이러한 이유로 수분율이 높은 포카치아, 치아바타, 루스틱 등의 반죽을 믹싱하기에 유리하며 이런 제품을 굽는 과정에서도 오븐 스프링 또한 더 높게 올라오는 것을 확인할 수 있다.

08

도우 컨디셔너

도우 컨디셔너는 원하는 온도와 습도로 맞춰 사용할 수 있어 베이커리 현장에서 꼭 필요한 기계 중 하나다. 대부분의 매장에서는 오픈 시간에 맞춰 오전에 일찍 빵을 구워내기 위해 사용하지만, 저온 발효 시에도 매우 유용하게 사용된다. (-1 ~ 15℃의 범위에서 온도 설정을 할 수 있으며, 원하는 작업 시간에 맞춰 온도를 조절해가며 발효를 늦추거나 빠르게 조절할 수 있어 효율적인 생산이 가능하다.)

예를 들어보자. 1차 발효를 마친 포카치아 반죽을 4℃ 냉장고에서 저온 발효를 했다고 가정해보자. 4℃에서 발효를 했으므로 아침에 반죽을 꺼냈을 때 분할과 성형을 하기에는 너무 차가운 상태일 것이다. 그래서 반죽의 온도를 상승시키기 위해 실온에 꺼내두는 시간(약 2시간)이 필요하다.

하지만 도우 컨디셔너를 사용한다면 최소 1시간은 더 빠르게 제품을 생산할 수 있다. 4℃로 발효한 차가운 상태의 반죽을 10℃로 맞춰둔 도우 컨디셔너에 넣어두면 실온에 꺼내두는 것보다 최소 1시간은 더 빠르게 온도를 상승시킬 수 있기 때문이다.

이처럼 도우 컨디셔너를 적절하게 사용한다면 현장에서 더 높은 생산성을 기대할 수 있다.

*** 발효기(도우 컨디셔너)가 없는 경우**

발효기가 없는 경우 큰 아이스박스 안에 따뜻한 물과 반죽을 함께 넣어 온도와 습도를 맞춰 유지하는 방법이 일반적이다. 하지만 개인적으로는 아이스박스에서 나오는 좋지 않은 냄새가 반죽에 스며들 수 있어 그다지 좋은 방법이라고는 생각하지 않는다.

이 책에서 설명하는 포카치아의 경우 저온에서 발효를 하기 때문에 발효기가 꼭 필요한 것은 아니다. 단, 저온 발효에 들어가기 전에 진행하는 1차 발효나 2차 발효의 경우(책에서는 25~27℃의 온도로 제시한다.) 반죽의 표면이 마르지 않게 해 실온에 두어도 정상적인 발효가 이루어진다. (반죽 상태의 경우 브레드박스의 뚜껑을 덮어 발효하고, 철판에 팬닝하거나 성형한 경우 철판 크기보다 큰 브레드박스로 덮어 발효한다.) 만약 실내 온도가 너무 낮은 경우 브레드박스 안에 따뜻한 물이 담긴 그릇을 넣어주면 온도와 습도를 유지하는 데 도움이 된다.

포카치아 Q & A

Q1 버티컬 반죽기로 작업을 할 때 반죽이 자꾸 훅을 타고 올라오는데 왜 그럴까요?

A1. 반죽의 글루텐이 발달한 상태에서 믹싱 속도가 느린 경우 반죽이 훅 위를 타고 올라오게 된다. 작은 용량의 반죽기일수록 이러한 현상이 자주 발생하는데, 이 경우 믹싱 속도를 높여 훅의 회전을 빠르게 하면 반죽이 다시 아래로 내려가게 된다. 단, 회전이 빨라진 만큼 마찰력이 높아져 반죽의 온도 또한 상승하게 되므로 반죽에 사용되는 재료를 차가운 상태로 준비해 사용하거나 믹싱볼 밑에 얼음물을 받쳐두고 작업해 반죽의 온도 상승을 막아주는 것이 좋다.

Q2 반죽이 훅에 걸리지 않고 공처럼 굴러다니며 헛돌 때는 어떻게 해야 하나요?

A2. 진 상태의 반죽보다 된 상태의 반죽일수록 훅 주변으로 헛도는 경우가 많다. 이 경우 반죽의 글루텐이 어느 정도 발달하여 훅에 잘 걸릴 때까지 조금 번거롭더라도 믹싱을 하는 중간중간 반죽을 훅에 걸어주는 작업을 해주어야 한다. 반죽기의 용량에 알맞은 양을 지키는 것도 중요하다. 용량이 큰 반죽기에 맞지 않는 적은 양의 반죽을 믹싱한다면 훅에 걸리기 어려우므로 헛도는 현상이 발생할 수밖에 없다.

Q3 저온 발효가 적당하게 잘 되었는지 알 수 있는 방법이 있을까요?

A3. 1차 저온 발효가 끝난 반죽은 일반적으로 발효 전 반죽에 비해 1.7배 정도 부풀어 있는 상태이다. 낮은 온도에서 장시간 발효를 하기 때문에 약간의 곡선을 이루고 있는 것이 특징이며 글루텐이 형성되어 그물망 구조가 많이 발달되어 있는 것을 확인할 수 있다. 만약 발효가 덜 된 상태일 경우 실온에 두고 발효를 조금 더 진행하는 것이 좋으며, 발효가 오버된 경우 분할(또는 팬닝)을 하는 시간을 좀 더 앞당겨주는 것이 좋다.

저온 발효 전

저온 발효 후
(약간의 곡선을 이룬 모습)

그물망 구조가 형성된

Q4 구워져 나온 포카치아의 바닥 면이 떡처럼 뭉쳐 있는데 왜 그럴까요?

A4. 포카치아의 바닥 면이 떡처럼 뭉쳐 있는 경우는 아래의 세 가지 이유로 유추해볼 수 있다.

① 1차 발효를 오버하여 굽는 과정 중 오븐 스프링이 너무 높아져 오븐에서 나온 후 내려앉은 경우

② 2차 발효를 오버하여 반죽의 조직이 약해져 내려앉은 경우

③ 감자처럼 무게감이 있는 충전물을 반죽에 섞은 상태에서 2차 발효를 오버하여 반죽의 조직이 약해져 내려앉은 경우

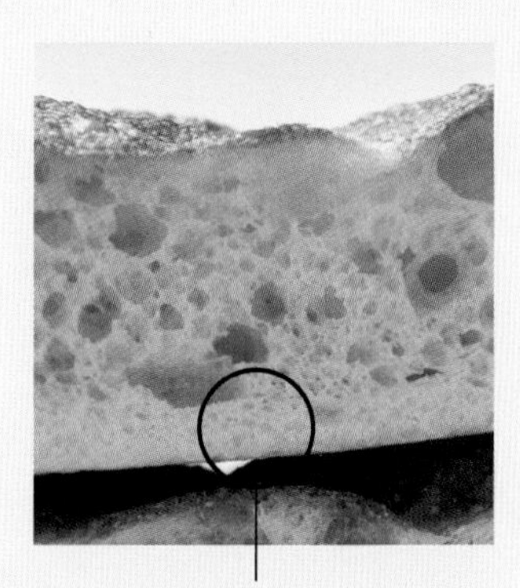

떡처럼 뭉쳐 있는 부분

Q5 구워져 나온 포카치아의 높이가 일정하지 않고 울퉁불퉁한데 어떤 과정에서 잘못된 것일까요?

A5. 대부분 반죽이 한 쪽으로 심하게 기울어진 상태에서 발효를 하고, 손가락으로 눌러 성형하는 과정에서 일정한 힘을 주지 않고 어느 한 쪽만 많이 누르거나 덜 누를 경우 생길 수 있는 현상이다. 폴딩하거나 성형하는 과정에서 전체적으로 일정한 힘을 주어 고르게 작업하는 것이 중요하다.

Q6 남은 포카치아를 보관하는 방법과 가장 맛있게 먹는 방법

A6. 포카치아는 수분 함량이 높은 빵이다. 구워져 나온 포카치아는 식힘망에 옮겨 한 김 식힌 후 한 번 먹을 분량만큼 소분해 랩으로 감싸고 밀봉해 냉동실에 보관하면 꽤 오랜 시간 동안 수분을 그대로 유지할 수 있다. 보관한 포카치아를 먹을 때는 실온에 꺼내 해동한 후 오븐에서 구워주면 굳어 있던 조직들이 다시 처음 구워진 상태로 되돌아가게 된다. 하지만 한번 노화된 빵을 다시 굽게 되면 노화의 속도가 더 빠르게 진행되므로 보관한 포카치아를 다시 구워 먹는 경우 먹을 만큼만 꺼내어 소진하는 것이 좋다.

*** 이 책에서 사용한 브레드박스와 철판**

믹싱이 끝난 반죽을 발효시킬 때 사용하는 브레드박스의 경우 반죽의 양에 맞는 크기를 사용하는 것이 좋으며, 뚜껑이 있는 제품이 반죽이 마르지 않아 사용하기에 좋다. 이 책에서는 두 가지 크기의 브레드박스를 사용하였으며, 'PC 바트' 또는 '투명 PC 바트'로 검색하면 다양한 크기의 브레드박스를 구입할 수 있다.

가로 26.5 × 세로 32.5 × 높이 10cm

가로 32.5 × 세로 35.3 × 높이 10cm

철판의 경우도 두 가지 크기를 사용했고, 각 레시피마다 사용한 철판의 사이즈를 표기했다. 이 책에서 소개하는 철판에 팬닝해 굽는 레시피의 경우 대부분 철판 2개에 반죽을 나눠 넣어 적당한 높이의 제품으로 완성했으며, 포카치아 알타의 경우 철판 1개에 팬닝해 높이감이 있는 제품으로 완성했다. 즉, 철판의 크기와 사용하는 개수는 각자가 원하는 제품의 최종 볼륨에 따라 달라질 수 있다. '1/2 빵팬' 또는 '33.5×36.5×5cm 철판'으로 검색해 구입할 수 있다.

가로 29 × 세로 39 × 높이 4.5cm
(1/2 빵팬)

가로 33.5 × 세로 36.5 × 높이 5cm

FOCA

CCIA

PART **5**

오토리즈 제법으로 만드는 포카치아

"
충분히 수화된 오토리즈 반죽은
손으로 잡아당겼을 때
힘 있게 늘어난다.
"

오토리즈 이해하기

오토리즈는 20세기 프랑스 베이커 레이몽 칼벨 교수에 의해 만들어진 제법으로, 밀가루와 물을 가볍게 섞고 일정 시간 두어 충분히 수화시킨 후 본반죽에 넣어 사용하는 방법이다. 이는 기계 믹싱의 과정은 없었지만 휴지되는 동안 스스로 탄력을 만들어내었다는 증거(자가 휴지 기간)로 볼 수 있다. 충분히 수화된 오토리즈 반죽을 본반죽에 사용하므로 총 믹싱 시간이 40% 정도 단축되고 반죽의 산화도 최소화된다. 또한 스트레이트 제법에 비해 더 많은 수분을 보유할 수 있으므로 결과적으로 더 촉촉한 빵으로 완성되며, 빵의 풍미가 더 좋아지고 기공이 많고 부드러운 내상을 가지게 된다. 포카치아나 치아바타처럼 수율이 높은 빵을 만들 때 알맞은 제법이다.

Recipe

1. 볼에 물과 밀가루를 넣고 주걱으로 덩어리가 보이지 않을 정도로만 섞어준다.

- 물과 밀가루의 양은 각 레시피를 참고한다.
- 소량인 경우에는 주걱으로 섞어주고, 대량인 경우에는 반죽기에 넣고 저속으로 2분 정도 믹싱한다. (이 시간만으로도 오토리즈의 효과를 충분히 낼 수 있다.)

2. 반죽이 마르지 않도록 볼 입구를 랩핑한 후 20~60분 정도 두고 충분한 수화가 이루어지면 사용한다.

- 휴지시키는 동안 밀가루가 충분히 수화되고, 글루텐의 결합망이 발달된다.
- 오토리즈의 이상적인 반죽 온도는 20℃ 정도이며, 온도가 높은 여름철의 경우 마찰력으로 인해 반죽의 온도가 높아지는 것을 고려해 오토리즈가 끝난 반죽의 온도를 15℃까지 낮춰 사용하기도 한다. 만약 반죽의 온도가 높다면 냉장고에 보관하는 것이 좋다.

오토리즈 작업 시 주의 사항

소금은 글루텐 망을 조여주는 성질이 있어 글루텐 발달을 방해하므로 오토리즈 반죽 시 소금을 함께 넣지 않는 것이 좋다. 이스트를 넣지 않는 이유도 마찬가지다. 이스트를 함께 넣으면 발효가 시작되기 때문에 반죽이 산성화되면서 소금을 넣는 것과 동일하게 글루텐 망을 조여주게 된다. 따라서 오토리즈 반죽을 할 때는 물과 밀가루로만 작업하는 것이 바람직하다.

01

BASIC FOCACCIA

기본 포카치아

빵을 만드는 데 있어 가장 기본이 되는 재료만을 사용한 포카치아다. 레시피의 시작은 가장 기본이 되는 재료만으로 만드는 것에서부터 시작되므로, 본 레시피는 이 책에서 가장 기본이 되는 레시피라고 할 수 있다. 기본 레시피로 저온에서 발효하는 공정이므로 여러 번 반복하면서 연습해 완전한 포카치아를 만드는 데 성공한다면 다른 어떤 포카치아도 쉽게 성공할 수 있다.

오토리즈

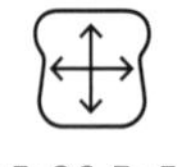
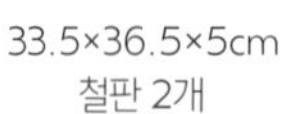

DECK
250°C / 220°C
15분

CONVECTION
250°C →
190~210°C
15분

Process

- 오토리즈 반죽 준비
- → 본반죽 믹싱 (최종 반죽 온도 23~25℃)
- → 1차 발효 (27℃ - 75% - 50분)
- → 폴딩
- → 1차 저온 발효 (8℃ - 12~15시간)
- → 16℃로 온도 회복
- → 패닝
- → 성형
- → 벤치타임 (27℃ - 75% - 30분)
- → 2차 발효 (28℃ - 75% - 60분)
- → 굽기

Ingredients

오토리즈 반죽 ●
(76p 참고)

포카치아 밀가루 (far focaccia) MOLINO DALLA GIOVANNA	800g
강력분 (코끼리)	200g
물	740g
TOTAL	**1740g**

본반죽

오토리즈 반죽 ●	전량
몰트엑기스 (마루비시)	5g
물 (30℃)	15g
이스트 (saf 세미 드라이 이스트 레드)	3g
소금	19g
조정수	140g
올리브오일	70g
TOTAL	**1992g**

How to make

본반죽

❶ 믹싱볼에 오토리즈 반죽, 몰트엑기스를 넣는다.

❷ 30℃의 물에 이스트를 잘 풀어 **1**에 넣는다.

POINT 이스트는 30~35℃에서 가장 활발하게 활동한다. 얼음물이나 뜨거운 물을 사용할 경우 이스트의 일부가 사멸할 수 있으므로, 이스트를 풀어주는 물의 온도를 잘 맞춰주는 것이 중요하다.

❸ 저속(약 3분) - 중속(약 1분)간 믹싱한다.

❹ 반죽에 물기가 보이지 않고 어느 정도의 탄력이 생기며, 반죽이 볼 바닥에서 떨어지는 상태가 되면 소금을 넣는다.

❺ 저속(약 1분) - 중속(약 1분)간 믹싱한다.

❻ 소금이 반죽에 흡수되어 알갱이가 느껴지지 않는 상태가 되면 조정수 140g을 3~4분간 천천히 흘려가며 믹싱한다.

POINT ● 조정수는 한 번에 다 넣기보다는 일부를 남겨두고 반죽의 되기를 확인하며 추가한다. 조정수는 밀가루 1,000g 기준 1회에 20g 이상을 사용하지 않도록 한다. 따라서 140g의 조정수는 최소 7회로 나눠가며 반죽에서 서서히 수화시켜주는 것이 중요하다.

● 사용하는 밀가루나 작업 환경이 바뀔 경우 사용하는 조정수의 양도 늘어나거나 줄어들 수 있으므로, 항상 반죽의 상태를 확인하며 조정수의 양을 조절한다.

❼ 조정수가 반죽에 모두 흡수되면 올리브오일을 약 3분간 천천히 흘려가며 믹싱한다.

POINT 올리브오일은 믹싱볼 벽면에 조금씩 흘려가면서 천천히 넣어준다. 올리브오일이 반죽에 모두 흡수되면 믹싱을 마무리한다.

❽ 최종 반죽 온도는 23~25℃가 이상적이며 반죽은 매끄럽고 윤기가 흐르는 상태다.

POINT 최종 반죽의 온도가 낮거나 높은 경우 발효 시간은 늘어나거나 줄어들 수 있다. 그렇기 때문에 반죽이 끝나고 최종 온도 체크를 하는 것은 저온 발효 후 정상적인 제품을 생산하기 위한 아주 중요한 공정이다.

How to make

❾ 브레드박스 안쪽에 올리브오일을 바른다.

POINT 여기에서는 26.5×32.5×10cm 크기의 브레드박스를 사용했다.

❿ 올리브오일을 바른 브레드 박스 2개에 반죽을 나눠 옮긴 후 27℃-75% 발효실에서 약 50분간 1차 발효한다.

⓫ 반죽을 상하좌우로 4번 폴딩한다.

⓬ 8℃ 냉장고에서 12~15시간 저온 발효한다.

⓭ 철판 안쪽에 올리브오일을 바른다.

POINT 여기에서는 33.5×36.5×5cm 크기의 철판 2개를 사용했다.

⓮ 반죽을 실온에 두고 16℃로 온도가 회복되면 올리브오일을 바른 철판으로 옮긴다.

POINT 16℃는 이스트가 활발하게 활동을 시작하는 온도이며, 저온에서 발효해 차가워진 상태의 반죽은 이때부터 탄력이 생기기 시작하므로 성형하기에도 적당한 시점이다.
반죽의 온도가 16℃가 되면 작업이 가능하며, 20℃까지는 포카치아를 정상적으로 만드는 데 지장이 없다.

12

⑮ 반죽 윗면에 올리브오일을 뿌린 후 골고루 펴 바른다.

⑯ 손가락으로 반죽을 자연스럽게 늘리며 철판 전체에 고르게 펼친 후 27℃-75% 발효실에서 약 30분간 벤치타임을 준다. (반죽 온도 27℃)

⑰ 반죽에 올리브오일을 뿌리고 철판에 맞춰 다시 손가락으로 자연스럽게 늘려준 후 28℃-75% 발효실에서 약 60분간 2차 발효한다.

⑱ 데크 오븐 기준 윗불 250℃-아랫불 220℃에 넣고 스팀을 약 3~4초간 주입한 후 15분간 굽는다.

POINT
- 컨벡션 오븐의 경우 250℃로 예열된 오븐에 넣고 스팀을 3회(총 4초) 주입한 후 190~210℃로 낮춰 15분간 굽는다.
- 우녹스 오븐처럼 스팀을 주는 기능이 %로 되어 있는 경우 반죽을 넣기 전 80%로 설정하고, 습기가 차면 반죽을 넣고 볼륨이 올라오는 시점에서 스팀을 0%로 조정한다.
- 구워져 나온 포카치아 표면에 올리브오일을 바른다.

17

18

“

기본 반죽이 맛있으면 어떤 토핑을 올려도
맛있는 포카치아로 완성할 수 있다.
취향에 따라 다양한 치즈, 야채, 허브 등의
재료를 토핑해도 좋다.

”

application

팔라 도우 모양으로 만드는 기본 포카치아

팔라 도우는 미리 구워 냉동으로 보관하며 필요할 때마다 꺼내 사용하는 파베이크 방식으로 사용된다. 그렇기 때문에 높은 온도에서 빠르게 구워 수분을 남겨두는 것이 중요하다. 필요할 때마다 냉장고에서 해동해 소스를 바르고 토핑을 올린 후 다시 굽는다. 식전빵으로 활용하기에도 좋은 반죽이다.

* 파베이크에 대한 내용은 257p를 참고한다.

1. 8°C 냉장고에서 저온 발효를 마친 기본 포카치아 반죽을 실온에 두고 16°C로 온도가 회복되면 작업대로 옮긴다.
   - **반죽이 달라붙지 않도록 반죽 표면과 작업대에 덧가루를 뿌린 후 반죽을 옮긴다.**
   - **반죽의 온도가 16℃가 되면 작업이 가능하며, 20℃까지는 포카치아를 정상적으로 만드는 데 지장이 없다.**
2. 반죽에 덧가루를 뿌리고 반으로 자른다.
3. 손가락으로 자연스럽게 늘려 타원형으로 만든다.
4. 손으로 들어올려 반죽을 길게 늘려준다.
5. 테프론시트를 깐 나무판 위에 반죽을 올린 후 바로 굽는다.
   - **데크 오븐의 경우 윗불 270℃-아랫불 250℃에 넣고 스팀 없이 3~4분간 굽는다.**
   - **컨벡션 오븐의 경우 스톤을 깔고 미리 예열한 후 250℃에서 스팀 없이 3~4분간 굽는다.**

02

HAND-KNEAD FOCACCIA

손반죽 포카치아

기계로 만들어진 글루텐이 아닌, 발효를 통해 자연스럽게 발전된 글루텐으로 아주 부드럽고 폭신한 식감으로 완성되는 특징의 포카치아다. 이 책에서는 반죽을 타원형으로 만들어 다양한 토핑을 얹어 포카치아 피자로 완성했다. 브런치 카페 메뉴로도 손색이 없을 만큼 맛있을 뿐만 아니라, 미리 파베이킹으로 구워두고 주문이 들어올 때마다 토핑을 올려 구워내기에도 좋아 효율적이다.

오토리즈

1차
저온 발효
(8℃)

250g
약 6개

DECK
270°C / 250°C
5분

CONVECTION
250°C → 210°C
10분

Process

- 오토리즈 반죽 준비
- → 본반죽 믹싱 (최종 반죽 온도 20~23℃)
- → 15분 간격으로 폴딩 4회 (반죽의 온도는 20℃로 유지)
- → 1차 저온 발효 (8℃ - 12~15시간)
- → 16℃로 온도 회복
- → 분할 (250g)
- → 2차 발효 (27℃ - 75% - 30분)
- → 성형
- → 토핑
- → 굽기

Ingredients

오토리즈 반죽 ● (76p 참고)

강력분 (코끼리)	500g
T65 밀가루 (지라도)	250g
물	600g
TOTAL	**1350g**

본반죽

오토리즈 반죽 ●	전량
몰트엑기스 (마루비시)	5g
물 (30℃)	15g
이스트 (saf 세미 드라이 이스트 레드)	3g
소금	14g
조정수	30g
올리브오일	70g
TOTAL	**1487g**

본반죽

❶ 브레드박스에 오토리즈 반죽, 몰트엑기스를 넣는다.

POINT 여기에서는 32.5×35.3×10cm 크기의 브레드박스를 사용했다.

❷ 30℃의 물에 이스트를 잘 풀어 **1**에 넣는다.

POINT 이스트는 30~35℃에서 가장 활발하게 활동한다. 얼음물이나 뜨거운 물을 사용할 경우 이스트의 일부가 사멸할 수 있으므로, 이스트를 풀어주는 물의 온도를 잘 맞춰주는 것이 중요하다.

❸ 손으로 잘 치대며 섞는다.

POINT 손으로 치대는 과정은 반죽의 글루텐을 강하게 만들기 위하는 과정이라기보다는 이스트가 반죽에 잘 섞이게 한다는 생각으로 적당한 힘으로 치댄다.

❹ 재료가 잘 섞이면 소금을 넣고 섞는다.

POINT 이스트가 반죽에 잘 섞인 후에 소금을 넣는 것은 이스트에 소금이 직접적으로 닿을 경우 이스트가 손상되어 반죽의 발효력이 떨어질 수 있기 때문이다. 따라서 소금은 반죽에 이스트가 완전히 섞인 후에 넣는다.

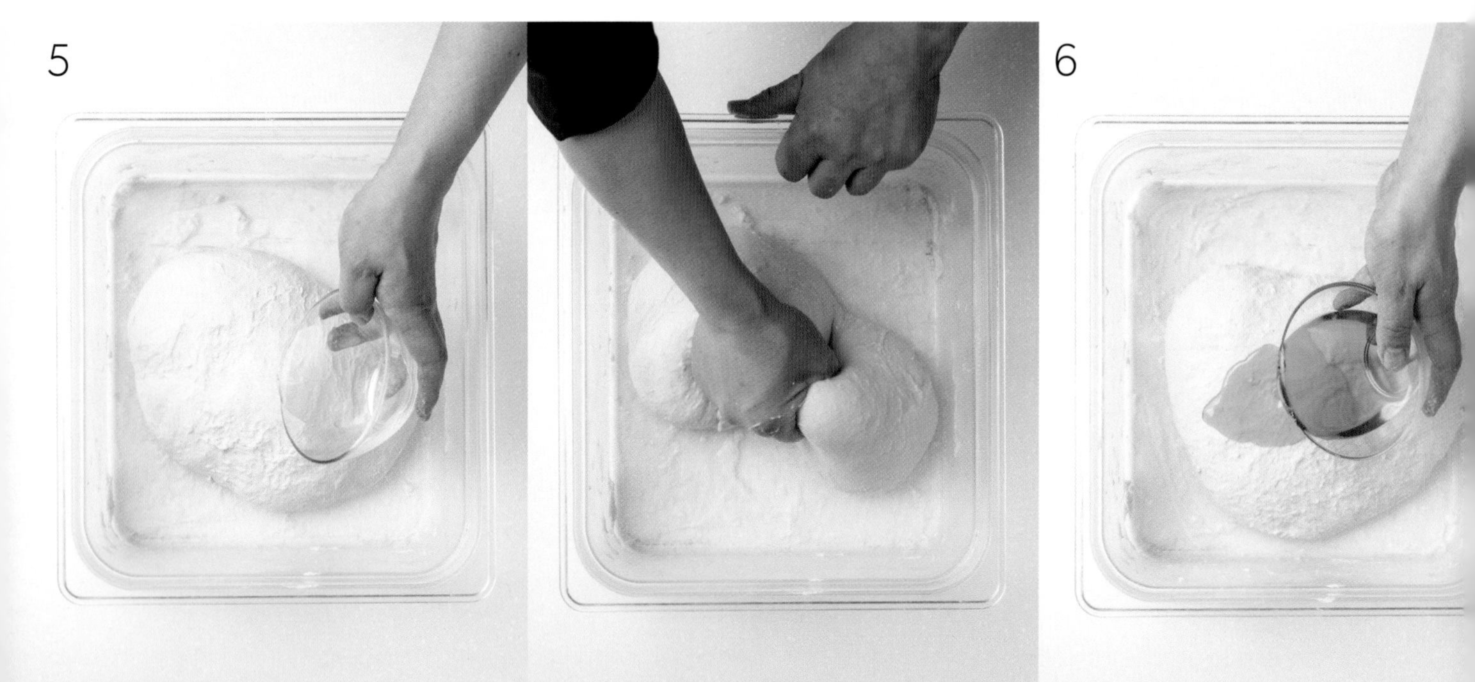

4

❺ 반죽에서 소금의 알갱이가 느껴지지 않는 상태가 되면 조정수 30g을 천천히 나누어 넣어가며 섞는다.

POINT ◎ 사용하는 밀가루나 작업 환경이 바뀔 경우 사용하는 조정수의 양도 늘어나거나 줄어들 수 있으므로, 항상 반죽의 상태를 확인하며 조정수의 양을 조절한다.

◎ 조정수는 밀가루 1,000g 기준 1회에 20g 이상을 사용하지 않도록 한다. 따라서 30g의 조정수는 최소 2회로 나눠가며 반죽에서 서서히 수화시켜주는 것이 중요하다.

❻ 조정수가 반죽에 모두 흡수되면 올리브오일을 4회 정도로 나누어 넣어가며 섞는다.

POINT 이 과정이 끝나면 매끄러운 상태의 반죽이 아닌 다소 불안정한 상태의 반죽의 모습으로 보이는데, 폴딩의 과정을 통해 글루텐이 발전되면서 반죽의 수화가 이루어지므로 걱정하지 않아도 된다.

❼ 최종 반죽 온도는 20~23℃가 이상적이며 반죽은 다소 거친 상태이다.

POINT 최종 반죽의 온도가 낮거나 높은 경우 발효 시간은 늘어나거나 줄어들 수 있다. 그렇기 때문에 반죽이 끝나고 최종 온도 체크를 하는 것은 저온 발효 후 정상적인 제품을 생산하기 위한 아주 중요한 공정이다.

7

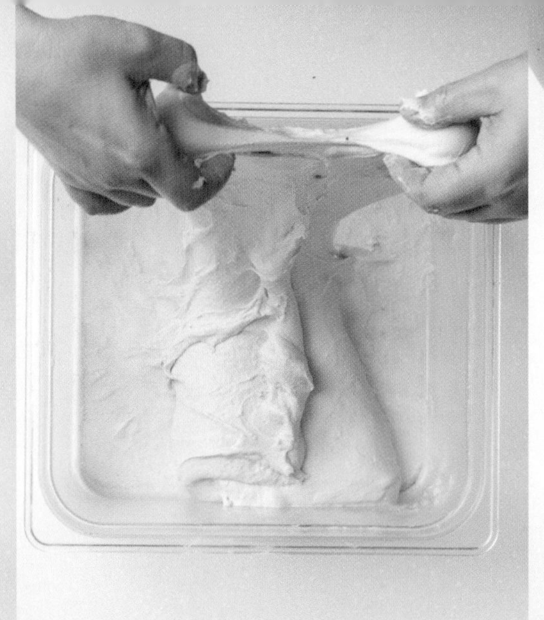

8

❽ 반죽 온도를 20℃로 유지하면서 15분 냉장 휴지-폴딩(상하좌우 4번)-15분 냉장 휴지-폴딩(상하좌우 4번)-15분 냉장 휴지-폴딩(상하좌우 4번)-15분 실온 휴지-폴딩(상하좌우 4번)한다.

POINT ◎ 이 책에서 설명하는 일반적인 포카치아 반죽의 경우 저온 발효에 들어가기 전 보통 30~50분의 발효 시간이 필요하지만, 손반죽의 경우 폴딩을 4회 작업하기 때문에 60분이라는 비교적 긴 시간이 필요하다. 그래서 믹싱 후 최종 반죽의 온도를 더 낮게 설정하고 냉장고에서 휴지를 주며 이스트의 활성을 최소화하여 최종적으로 정상적인 발효 상태로 완성하기 위해 반죽의 온도에 신경을 쓰는 것이 중요하다.

◎ 4회의 폴딩 중 초반 2회는 반죽의 바닥과 표면 모두 매끈한 상태이므로 밖으로 접고, 후반 2회는 반죽의 발효로 인해 바닥 면이 거친 상태이므로 안으로 접는다.

❾ 8℃에서 12~15시간 저온 발효한다.

10

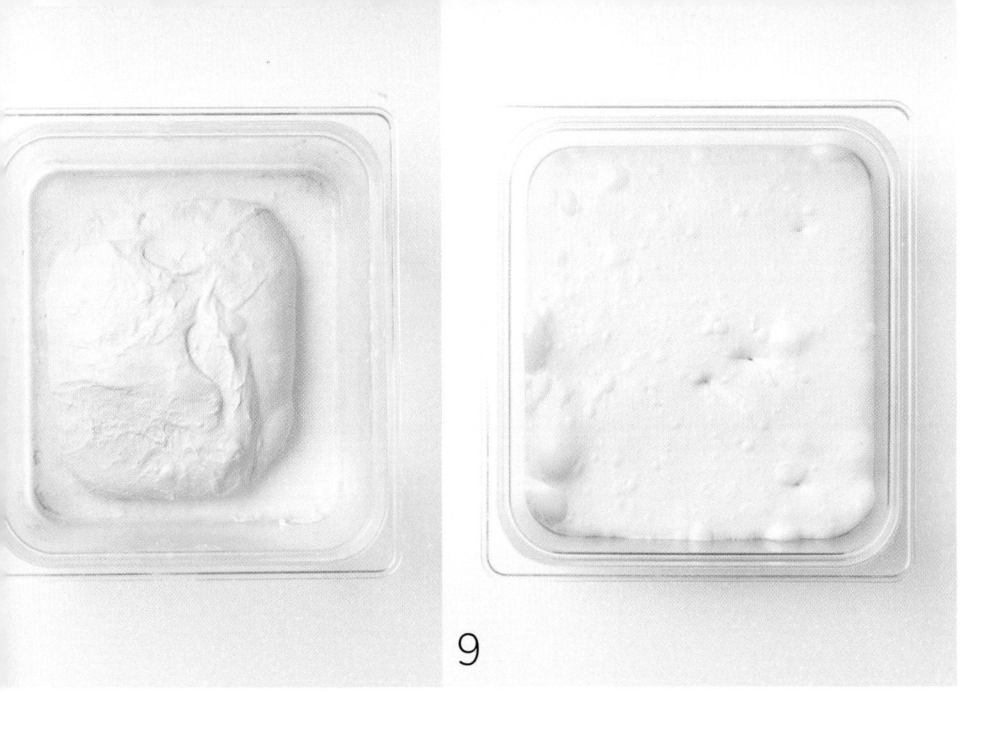

⑩ 반죽을 실온에 두고 16℃로 온도가 회복되면 작업대에 반죽을 옮긴다.

POINT ◎ 이때 반죽이 달라붙지 않도록 반죽 윗면과 작업대에 덧가루를 뿌린 후 반죽을 옮긴다. 반죽의 온도가 16℃가 되면 작업이 가능하며, 20℃까지는 포카치아를 정상적으로 만드는 데 지장이 없다.

◎ 기계 믹싱을 통해 글루텐을 강하게 만드는 반죽이 아니므로 16℃가 된 반죽은 보다 더 연하고 부드러운 질감을 갖게 된다. 반죽이 질다는 느낌은 들지만 오히려 빵 맛에서는 더 좋은 결과를 얻을 수 있다.

⑪ 반죽을 250g으로 분할한다.

⑫ 반죽을 타원형으로 예비 성형한다.

POINT 타원형으로 성형할 때는 반죽을 최대한 가볍게 말아주는 방식으로 예비 성형을 하는 것이 좋다.

⓭ 덧가루를 묻힌 철판에 팬닝한다.

⓮ 27℃-75% 발효실에서 30분간 2차 발효한다.

⓯ 작업대에 덧가루를 뿌리고 반죽을 올린다.

POINT 여기에서는 세몰리나를 사용했다.

⓰ 손가락으로 자연스럽게 반죽을 타원형으로 늘린다.

POINT 이때 반죽의 가장자리를 살짝 두껍게 만들어 소스나 토핑이 밖으로 흐르지 않도록 한다.

⓱ 반죽을 들어올려 덧가루를 가볍게 털어낸다.

⓲ 토핑을 올려 굽는다.

POINT 토핑의 종류, 굽는 온도와 시간은 각 레시피를 참고한다.

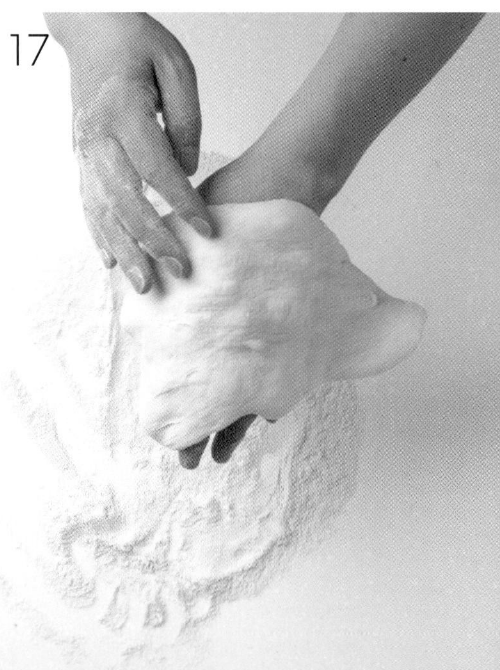

02-1

손반죽 포카치아 응용

CHICKEN TACO FOCACCIA

치킨 타코 포카치아

남미의 맛이 느껴지는 포카치아. 매콤하면서도 달콤한 치킨 토핑을 사용해 중독성이 강한 맛으로 만들었다.

Ingredients

손반죽 포카치아 반죽 (88p 참고)

토핑 (포카치아 1개 분량)

칠리 소스 (MILLERS HOT & SWEET SAUCE)	16g
슬라이스 모차렐라	1장
슈레드 모차렐라	52g
치킨타코필링 (선인)	90g
크림치즈	20g
이지마요	적당량
쪽파	적당량
슈레드 파르메산	적당량

How to make

1. 성형을 마친 손반죽 포카치아 반죽에 칠리 소스를 16g 바른다.
2. 슬라이스 모차렐라 1장을 적당한 크기로 잘라 올리고, 슈레드 모차렐라 52g을 올린다.
3. 치킨타코필링 90g, 크림치즈 20g을 군데군데 올린다.
4. 이지마요를 뿌린 후 데크 오븐 기준 윗불 270℃ - 아랫불 250℃에 넣고 5분간 굽는다. 구워져 나온 후 잘게 썬 쪽파와 슈레드 파르메산을 뿌린다.

POINT 컨벡션 오븐의 경우 스톤을 넣고 250℃로 예열한 후 예열된 스톤 위에 반죽을 올리고 210℃로 낮춰 10분간 굽는다.

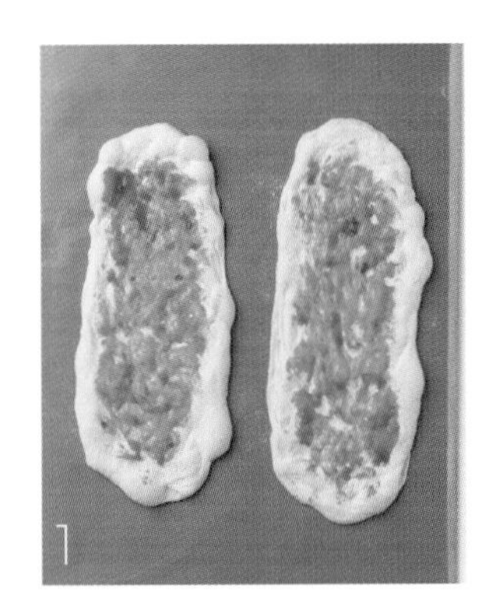

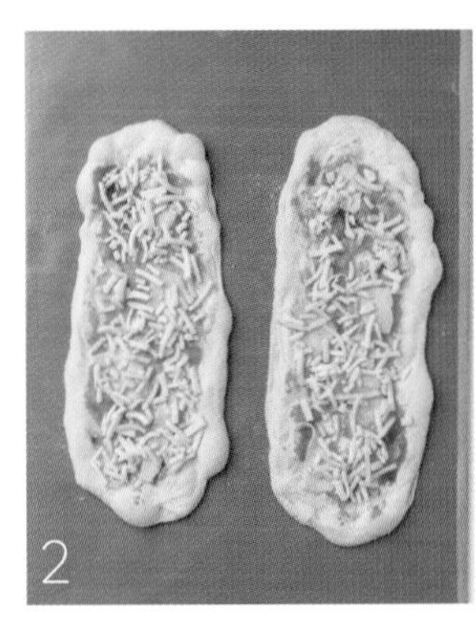

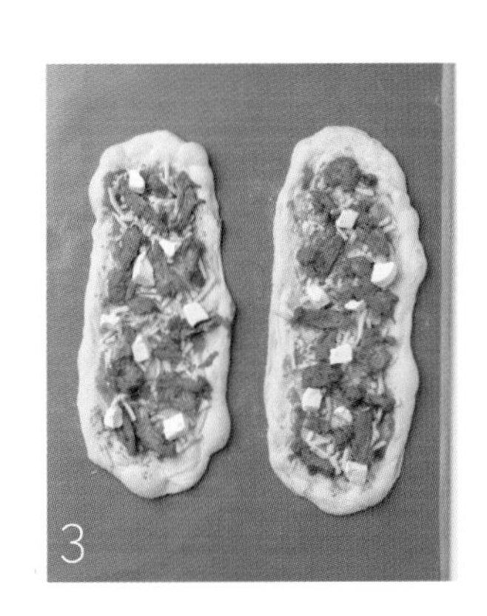

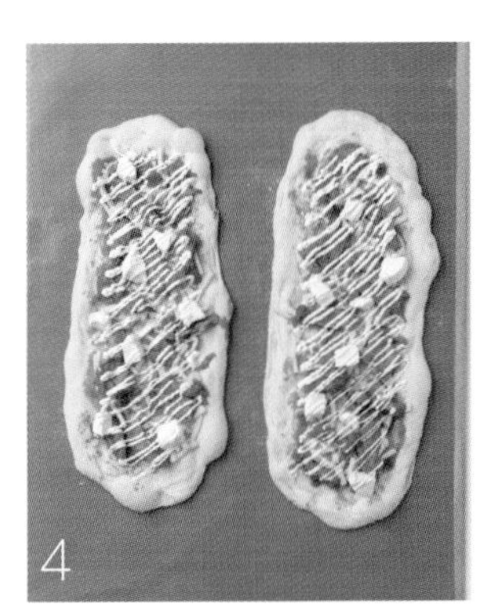

CHICKEN TACO FOCACCIA

02-2

손반죽 포카치아 응용

CHICKEN & CRANBERRY FOCACCIA

치킨 & 크랜베리 포카치아

순하고 부드러운 크림 소스와 담백한 치킨을 곁들여 아이들과 함께 먹기에 좋은 메뉴다.
새콤한 크랜베리와 고소한 견과류가 포인트다.

Ingredients

손반죽 포카치아 반죽 (88p 참고)

토핑 (포카치아 1개 분량)

동물성 휘핑크림 (MILRAM, 35%)	12g
슬라이스 모차렐라	1장
슈레드 모차렐라	52g
치킨크랜베리 필링 (선인)	90g
구운 슬라이스 아몬드	적당량

How to make

❶ 성형을 마친 손반죽 포카치아 반죽에 휘핑크림을 12g 바른다.

POINT 휘핑크림은 생크림으로 대체할 수 있다.

❷ 슬라이스 모차렐라 1장을 적당한 크기로 잘라 올린다.

POINT 사용하는 치즈에 따라 또 다른 맛의 피자 포카치아로 완성할 수 있다. 모차렐라를 사용하면 치즈가 늘어나는 포카치아로 완성할 수 있고, 고다치즈나 에담치즈를 사용하면 사용하는 치즈 고유의 진한 풍미를 느낄 수 있는 포카치아로 완성할 수 있다.

❸ 슈레드 모차렐라를 52g 올린다.

❹ 치킨크랜베리 필링을 90g 올린 후 데크 오븐 기준 윗불 270℃ - 아랫불 250℃에 넣고 5분간 굽는다. 구워져 나온 후 구운 슬라이스 아몬드를 뿌린다.

POINT 컨벡션 오븐의 경우 스톤을 넣고 250℃로 예열한 후 예열된 스톤 위에 반죽을 올리고 210℃로 낮춰 10분간 굽는다.

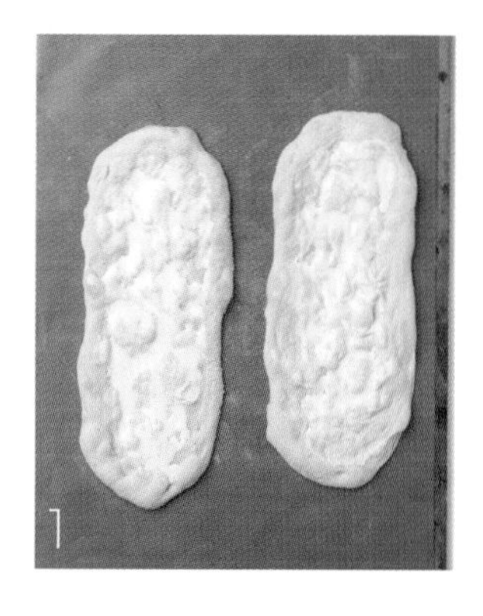
1

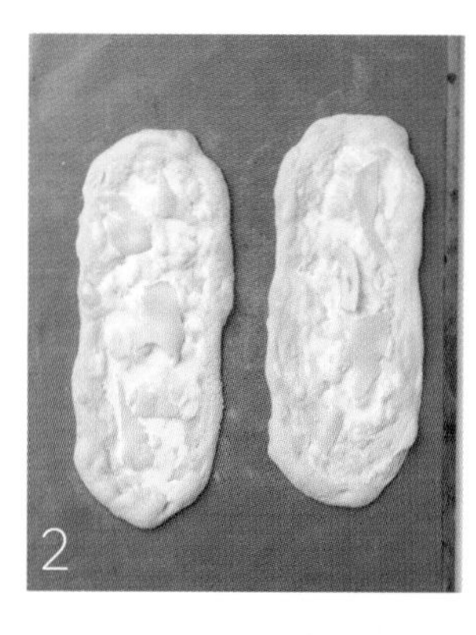
2

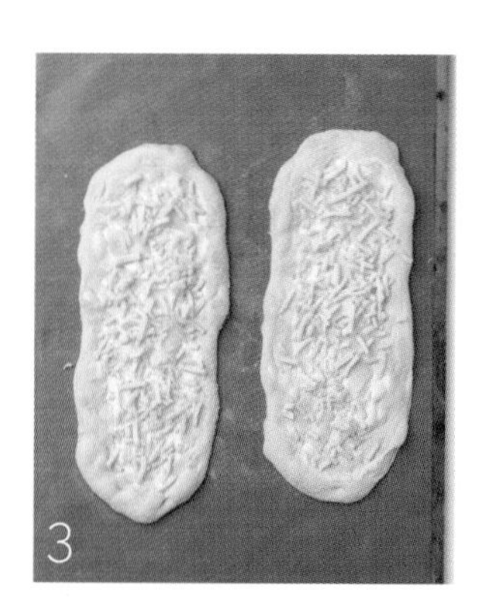
3

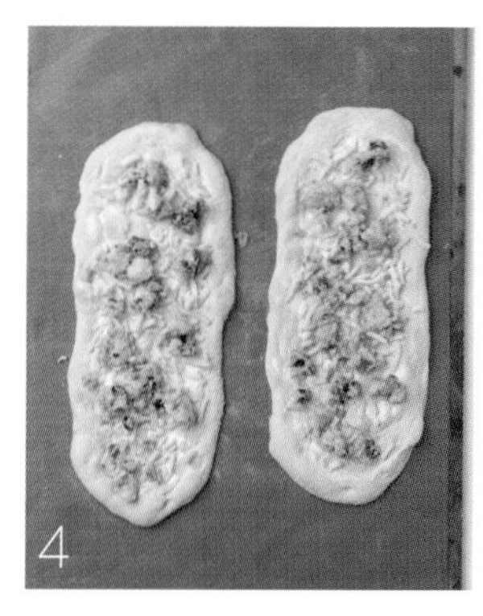
4

CHICKEN & CRANBERRY FOCACCIA

HONEY & GORGONZOLA FOCACCIA

허니 & 고르곤졸라 포카치아

고르곤졸라를 메인 토핑으로 사용하고, 견과류로 고소함과 식감에 포인트를 준 메뉴다. 구워져 나온 그대로 먹으면 고르곤졸라의 맛을 진하게, 꿀을 발라 먹으면 달콤하게, 허니 사워 소스를 뿌리면 전문 레스토랑에서 먹는 듯한 풍부한 맛으로 즐길 수 있다.

Ingredients

손반죽 포카치아 반죽 (88p 참고)

토핑 (포카치아 1개 분량)

동물성 휘핑크림 (MILRAM, 35%)	12g
슬라이스 모차렐라	1장
슈레드 모차렐라	50g
고르곤졸라	10g
구운 통아몬드	적당량
구운 피칸	적당량

허니 사워 소스

사워크림	50g
꿀	5g

* 모든 재료를 섞어 사용한다.

How to make

❶ 성형을 마친 손반죽 포카치아 반죽에 휘핑크림을 12g 바른다.

POINT 휘핑크림은 생크림으로 대체할 수 있다.

❷ 슬라이스 모차렐라 1장을 적당한 크기로 잘라 올린다.

❸ 슈레드 모차렐라를 50g 올린다.

❹ 고르곤졸라를 10g 올린 후 데크 오븐 기준 윗불 270℃ - 아랫불 250℃에 넣고 5분간 굽는다. 구워져 나온 후 구운 통아몬드와 구운 피칸을 뿌린다.

POINT 컨벡션 오븐의 경우 스톤을 넣고 250℃로 예열한 후 예열된 스톤 위에 반죽을 올리고 210℃로 낮춰 10분간 굽는다.

취향에 따라 허니 사워 소스를 함께 곁들여도 좋다.

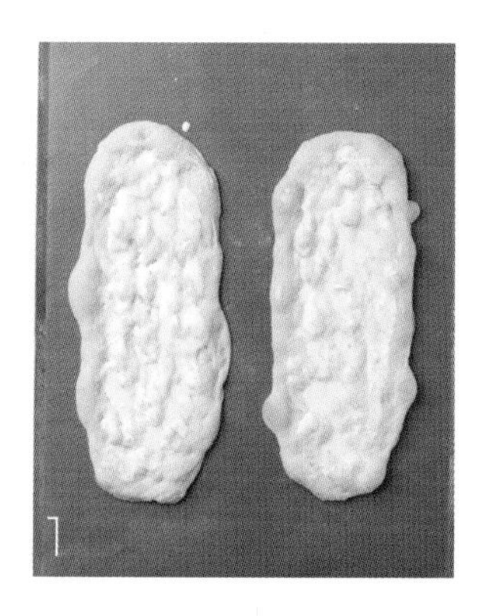
1

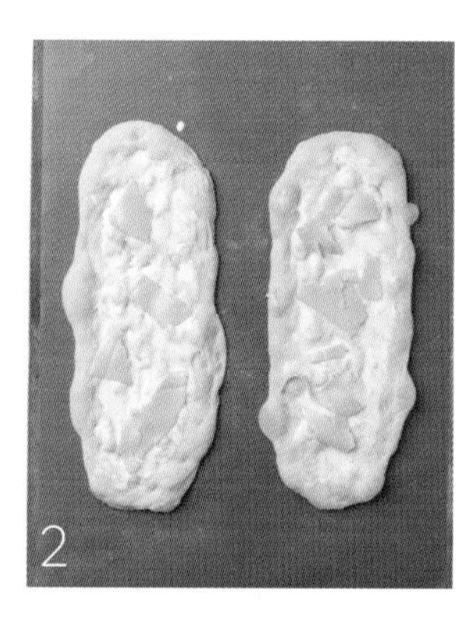
2

3

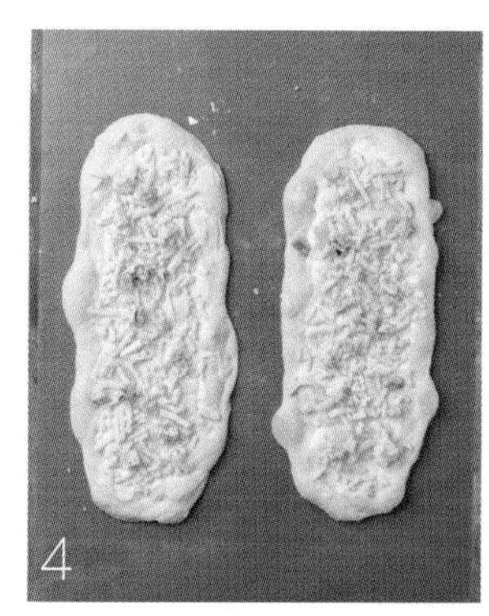
4

02-4

손반죽 포카치아 응용

GARLIC HAWAIIAN FOCACCIA

갈릭 하와이안 포카치아

허브 갈릭 소스로 맛을 낸 포카치아다. 토핑으로 파인애플과 할라피뇨 처트니를 사용해
느끼함 없이 언제 먹어도 산뜻하게 즐길 수 있는 특별한 메뉴다.

Ingredients

손반죽 포카치아 반죽 (88p 참고)

할라피뇨 처트니 ● (104p 참고)

할라피뇨 (캔)	280g
다진 양파	100g
설탕	50g

토핑 (포카치아 1개 분량)

허브 갈릭 소스 ● (104p 참고)	18g
할라피뇨 처트니 ●	8g
크림치즈	16g
슬라이스 모차렐라	1장
슈레드 모차렐라	50g
파인애플 통조림	10조각
슈레드 파르메산	적당량

How to make

❶ 성형을 마친 손반죽 포카치아 반죽에 허브 갈릭 소스를 18g 바른다.

❷ 할라피뇨 처트니를 8g 바른다.

❸ 크림치즈를 16g 올리고, 슬라이스 모차렐라 1장을 적당한 크기로 잘라 올린다.

POINT 크림치즈는 브랜드와 제조국에 따라 맛이나 질감이 다르므로, 신맛이 나는 제품과 그렇지 않은 제품을 목적에 맞춰 선택하면 다양한 맛으로 연출할 수 있다.

❹ 슈레드 모차렐라를 50g 올리고 파인애플 통조림 조각을 10개 올린 후, 데크 오븐 기준 윗불 270℃ - 아랫불 250℃에 넣고 5분간 굽는다. 구워져 나온 후 슈레드 파르메산을 뿌린다.

POINT 컨벡션 오븐의 경우 스톤을 넣고 250℃로 예열한 후 예열된 스톤 위에 반죽을 올리고 210℃로 낮춰 10분간 굽는다.

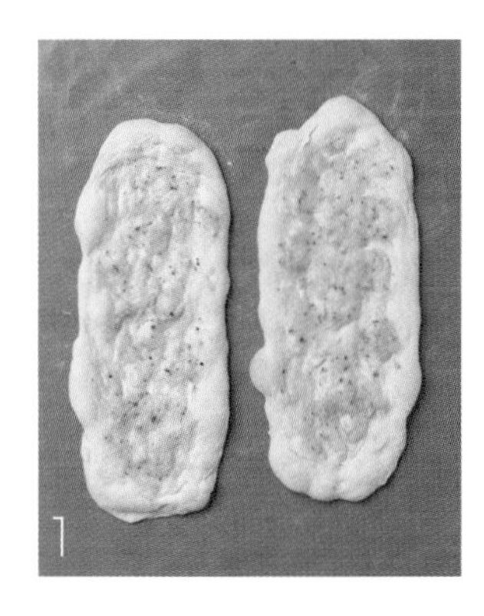

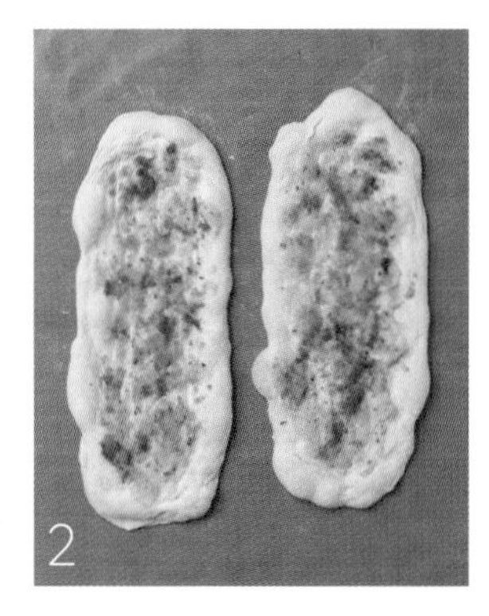

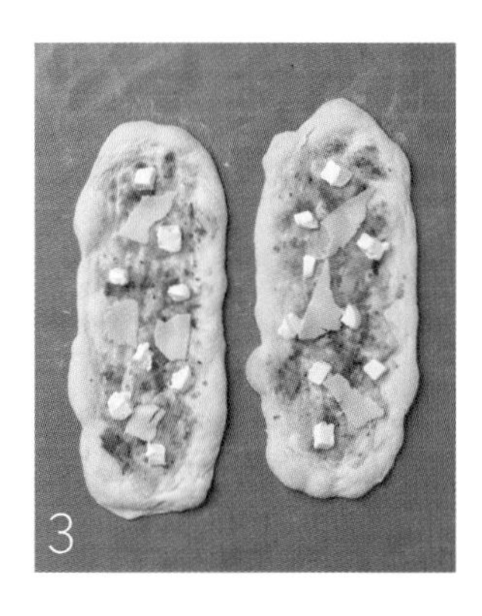

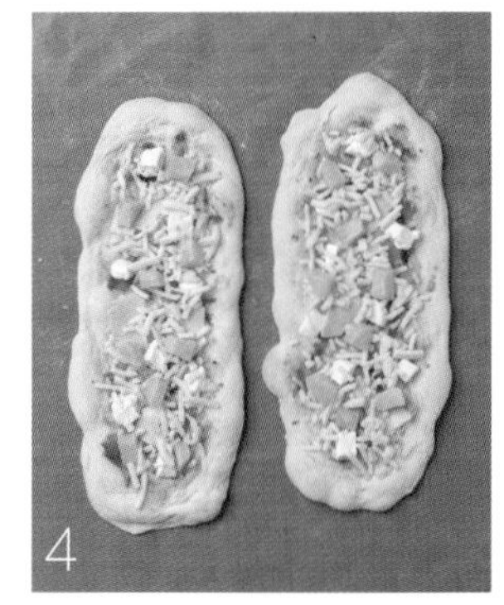

How to make 할라피뇨 처트니

1

2

3

4

❶ 비커에 할라피뇨를 넣고 핸드블렌더로 거칠게 갈아준다.

POINT 할라피뇨 캔의 국물도 함께 넣고 갈아준다.

❷ 냄비에 **1**과 다진 양파, 설탕을 넣고 가열한다.

❸ 약불에서 주걱으로 저어가며 1시간 정도 가열한다.

❹ 수분이 졸아들면 불에서 내려 식힌 후 사용한다.

● 허브 갈릭 소스

❶ 냄비에 물 40g, 건조 로즈마리 2g, 허브 믹스 1g을 넣고 가열한 후 끓어오르면 불을 끄고 3~5분간 우린다.

❷ 체에 거른 후 절반의 양을 다시 냄비에 옮겨 버터 160g, 생크림 60g, 설탕 60g, 다진 마늘 10g과 함께 끓인 후 식혀 사용한다.
→ 취향에 따라 체에 거른 ❶을 전량 사용해도 좋다.

FOCA

“

비가 반죽을 사용한 포카치아는

반죽의 발효력과 탄력이 향상되고,

빵의 풍미가 뛰어난 것이 특징이다.

”

비가의 단면

CCIA

PART 6

비가를 사용한 포카치아

비가 이해하기

사전적 의미로 '이탈리아 빵을 만들 때 발효시킨 반죽을 소량 넣어 사용하는 것'으로 정의되어 있는 비가Biga는 이탈리아식 '사전 반죽'으로 볼 수 있다. 일반적으로 우리가 알고 있는 제법 중 풀리시법, 중종법, 스펀지도우법과 마찬가지로 비가 역시 이스트를 사용하여 종을 만들어 본반죽에 넣어 사용한다. 반죽의 발효력을 증가시키고 빵의 풍미를 좋게 하는 제법 중 하나다.

비가를 만드는 방법은 이탈리아 내에서도 다양하게 존재하지만 보통은 50~60% 정도의 수분과 소량의 이스트를 사용해 16~48시간 발효시켜 만든다. 어떤 레시피는 실온에서 발효하는 반면, 어떤 레시피는 저온에서 장시간 발효하기도 한다. 어떤 방법을 사용하는지는 기술자의 성향이나 작업 환경에 따라 달라질 수 있다.

Ingredients

비가

강력분 (코끼리)	1000g
이스트 (saf 세미 드라이 이스트 레드)	2g
물	550g
소금	15g
TOTAL	**1567g**

Recipe

이 배합은 비가를 묵은 반죽처럼 여러 반죽에 다양하게 사용할 수 있도록 소금을 추가한 배합이다.

비가를 사전 발효 반죽으로 사용하는 경우(**'PART 6'의 비가 레시피**) 소금이 들어가지 않는다. 이 경우 아래의 방법처럼 모든 재료를 믹싱한 후 발효해 본반죽에 넣어 사용한다.

묵은 반죽으로 사용하는 경우(**'PART 7'의 비가 레시피**) 소금이 들어간다. 이 경우 아래의 표처럼 최초로 만든 비가를 사용하거나, 이어가기식 방법으로 보관한 비가를 사용한다.

1. 모든 재료를 믹싱볼에 넣고 저속 5분 - 중속 10분 정도로 믹싱한다.
● **믹싱을 마친 반죽 온도는 23℃가 적당하다.**

2. 14℃에서 18시간 발효한 후 사용한다.
● **작업 환경에 따라 발효하는 시간은 달라질 수 있다.**

아래의 표를 통해 이어가기식 방법을 알아보자.

앞서 설명한 것처럼 비가를 만들고 사용하는 방법은 여러 가지가 있지만, 그 중 편리하게 관리할 수 있는 '이어가기식 방법'을 소개한다.

① 최초로 만든(처음 만든) 비가를 넣어 포카치아 반죽을 완성한다.
→ 만드는 방법은 아래의 레시피를 참고한다.
② 1차 발효가 끝난 포카치아 반죽 중 ①에서 사용했던 비가의 양만큼 떼어내 냉장고에 보관한다.
③ 다음 날 냉장고에 보관했던 비가(묵은 반죽)를 넣어 포카치아 반죽을 만든다.
④ 동일한 방법으로 계속 이어나가면서 반죽에 사용한다.
→ 이탈리아에서는 비가를 만들어 1~2년을 계속 이어나가며 사용하는 곳도 많다. 우리나라에서도 식빵, 단과자빵, 바게트류를 이런 방식으로 이어가기를 한다면 더 좋은 품질의 빵으로 만드는 데 도움이 될 것으로 생각된다.

재료	1일차 포카치아 반죽	2일차 포카치아 반죽	3일차 포카치아 반죽
강력분 (코끼리)	1,000g	1,000g	1,000g
물	**750g**	**720g**	**720g**
이스트 (saf 세미 드라이 이스트 레드)	2.5g	2.5g	2.5g
소금	20g	20g	20g
올리브오일	70g	70g	70g
비가 (biga)	최초의 비가 300g	1일차 반죽의 300g	2일차 반죽의 300g

위의 표를 확인해보자. 1일차 반죽에는 최초의 비가(처음 만든 비가), 즉 된 상태의 비가를 사용했다. 하지만 2일차 반죽에는 1일차 반죽(즉, 진 상태의 포카치아 반죽)의 300g을 사용하므로 수분 조절이 필요하다(750g → 720g). 수분이 더 필요하다고 판단되는 경우 조정수를 첨가해 원하는 되기로 맞춘다.

이탈리아식 비가biga

비가는 보통 '사전 반죽'의 의미로 사용되지만, 전체 밀가루 중 50~100%로 사용할 수 있다는 점에서 다른 사전 반죽과 다른 의미(100%로도 사용 가능)를 가진다.

비가를 만들기 위한 기준

① 밀가루 대비 50 ~ 100%를 사용하며 수분은 밀가루 대비 50~60%로 사용한다.

② 이스트의 사용: 드라이이스트 기준 밀가루 대비 0.1 ~ 0.3%로 사용한다.

③ 믹싱: 비가는 재료가 섞일 정도로만 믹싱하며 수분의 양이 적기 때문에 밀가루와 물이 섞이면 거친 상태의 반죽이 만들어지는데, 이 상태로 장시간 발효를 한다.

- 버티컬 믹서의 경우 1단에서 1분, 스파이럴 믹서의 경우 1단에서 5분, 반죽의 온도는 23 ~ 25℃

④ 발효 시간과 온도: 발효 시간과 온도는 사용하는 이스트의 %에 따라 달라지며, 반죽의 총 무게와도 상관이 있으므로 만드는 사람의 작업 환경과 상황에 따라 조절해야 한다.

- 비가는 일반적으로 18 ~ 48시간까지 발효가 가능하다.

* 밀가루 기준 이스트 사용량에 따라 달라지는 비가의 발효 시간과 발효 온도

비가 반죽의 총 무게	1,000g	2,000g	4,000g
사용하는 이스트의 양 (세미 드라이 이스트 기준)	2g	2g	2g
발효 온도 설정	10℃	6℃	4℃
발효 시간 설정	18 ~ 24시간	18 ~ 24시간	18 ~ 24시간

재료가 섞일 정도로만 믹싱한 비가 반죽 (수분의 양이 적으므로 거친 상태)

발효 전 (반죽 총 무게 = 2kg)

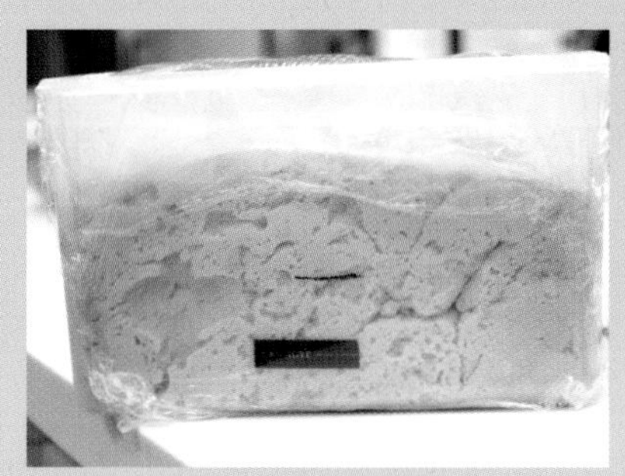

6℃에서 24시간 발효 후

발효 후 내상

01

BEET & TOMATO FOCACCIA

비트 & 토마토 포카치아

비트를 직접 갈아 반죽에 넣어 만든 붉은 컬러가 매력적인 포카치아다. 비트만을 사용하면 자연스러운 연한 붉은색으로, 홍국쌀가루를 섞어 사용하면 강렬한 붉은색으로 완성할 수 있다. 붉은 반죽과 토마토의 조합으로 보는 것만으로도 먹음직스러운 포카치아다.

비가

1차 저온 발효 (8℃)

200g
약 9개

DECK
250°C / 220°C
15분

CONVECTION
260°C
15분

Process

비가 반죽 준비
→ 본반죽 믹싱 (최종 반죽 온도 24~25℃)
→ 1차 발효 (25℃ - 75% - 20분)
→ 폴딩
→ 1차 저온 발효 (8℃ - 12~15시간)
→ 16℃로 온도 회복
→ 분할 (200g)
→ 팬닝
→ 벤치타임 (27℃ - 75% - 30분)
→ 성형 및 토핑
→ 2차 발효 (27℃ - 75% - 30분)
→ 토핑
→ 굽기

Ingredients

비가 반죽 ● (109p 참고)

포카치아 밀가루 (far focaccia) MOLINO DALLA GIOVANNA	600g
홍국쌀가루	25g
물	318g
이스트 (saf 세미 드라이 이스트 레드)	2g
TOTAL	**945g**

비트물 ●

비트	100g
물	320g

본반죽

비가 반죽 ●	전량
비트물 (30℃) ●	전량
포카치아 밀가루 (far focaccia) MOLINO DALLA GIOVANNA	200g
강력분 (코끼리)	200g
이스트 (saf 세미 드라이 이스트 레드)	1g
소금	18g
조정수	100g
올리브오일	70g
TOTAL	**1954g**

토핑

올리브오일, 방울토마토, 그라나파다노 분말 적당량

BEET & TOMATO FOCACCIA

1
2
3
4
5
6
7
8

How to make

본반죽

❶ 비트 100g과 물 320g을 준비해 믹서에 넣고 갈아 비트물을 만든다.
(본반죽에는 만들어진 비트물 전량을 사용한다.)

POINT 비트를 거칠게 갈면 반죽의 되기가 달라질 수 있으므로 일정한 입자로 갈아 사용한다.
비트 대신 당근이나 시금치 등을 사용하면 또 다른 색상의 포카치아로 완성할 수 있다.
이 경우 각각의 채소가 가지고 있는 수분에 따라 조정수의 양을 조절하는 것이 필수다.

예 비교적 수분이 적은 당근을 사용할 경우 조정수를 늘려주고, 비교적 수분이 많은 토마토를 사용할 경우 조정수를 생략하거나 줄인다.

❷ 믹싱볼에 비가 반죽, 비트물, 포카치아 밀가루, 강력분, 이스트를 넣는다.

POINT 이스트는 30~35℃에서 가장 활발하게 활동한다. 얼음물이나 뜨거운 물을 사용할 경우 이스트의 일부가 사멸할 수 있으므로, 이스트를 풀어주는 물(비트물)의 온도를 잘 맞춰주는 것이 중요하다.

❸ 저속(약 3분) - 중속(약 2분)간 믹싱한다.

❹ 반죽에 물기가 보이지 않고 어느 정도의 탄력이 생기면 소금을 넣는다.

❺ 중속(약 3분)간 믹싱한다.

❻ 반죽이 볼 바닥에서 떨어지는 상태가 되면 조정수 100g을 천천히 흘려가며 중속으로 약 3분간 믹싱한다.

POINT ◎ 조정수는 한 번에 다 넣기보다는 일부를 남겨두고 반죽의 되기를 확인하며 추가한다.
조정수는 밀가루 1,000g 기준 1회에 20g 이상을 사용하지 않도록 한다. 따라서 100g의 조정수는 최소 5회로 나눠가며 반죽에서 서서히 수화시켜주는 것이 중요하다.

◎ 사용하는 밀가루나 작업 환경이 바뀔 경우 사용하는 조정수의 양도 늘어나거나 줄어들 수 있으므로, 항상 반죽의 상태를 확인하며 조정수의 양을 조절한다.

❼ 조정수가 반죽에 모두 흡수되면 올리브오일을 약 3분간 천천히 흘려가며 믹싱한다.

POINT 올리브오일은 믹싱볼 벽면에 조금씩 흘려가면서 천천히 넣어준다. 올리브오일이 반죽에 모두 흡수되면 믹싱을 마무리한다.

❽ 최종 반죽 온도는 24~25℃가 이상적이며 반죽은 매끄럽고 윤기가 흐르는 상태다.

POINT 최종 반죽의 온도가 낮거나 높은 경우 발효 시간은 늘어나거나 줄어들 수 있다.
그렇기 때문에 반죽이 끝나고 최종 온도 체크를 하는 것은 저온 발효 후 정상적인 제품을 생산하기 위한 아주 중요한 공정이다.

How to make

❾ 브레드박스 안쪽에 올리브오일을 바른다.

POINT 여기에서는 26.5×32.5×10cm 크기의 브레드박스를 사용했다.

❿ 올리브오일을 바른 브레드박스로 반죽을 옮긴 후 25℃-75% 발효실에서 약 20분간 1차 발효한다.

⓫ 반죽을 상하좌우로 4번 폴딩한다.

⓬ 8℃의 냉장고에서 12~15시간 저온 발효한다.

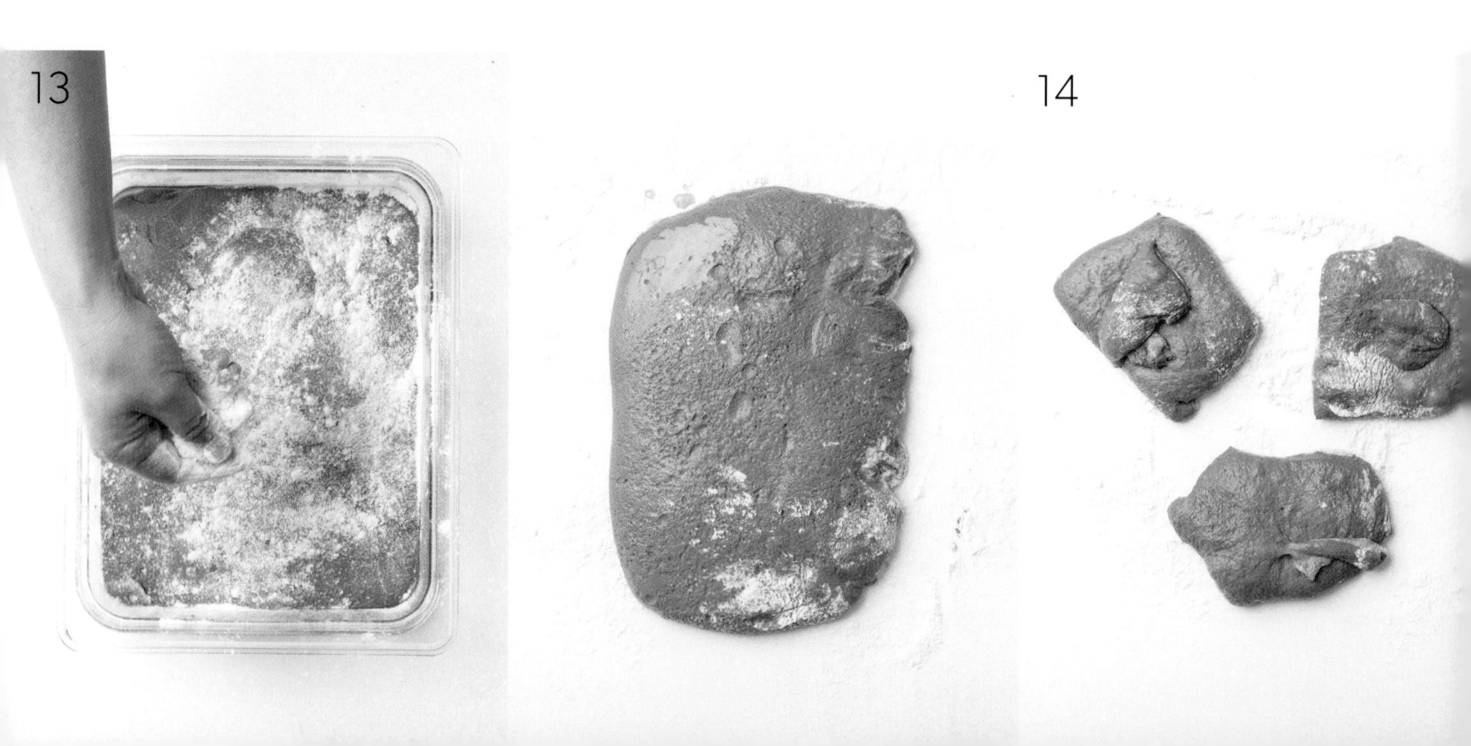

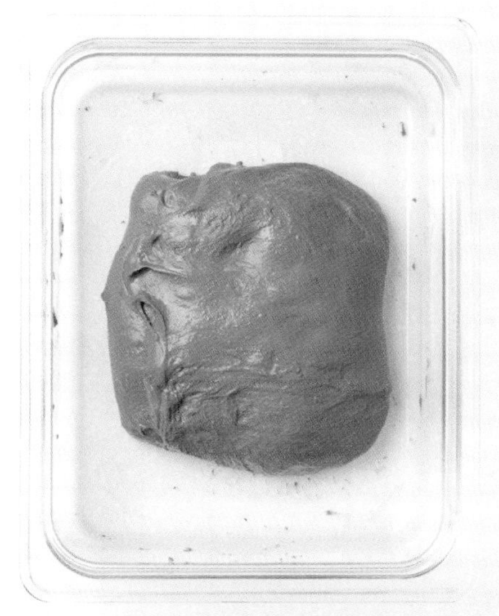

12

⓭ 반죽을 실온에 두고 16℃로 온도가 회복되면 작업대에 반죽을 옮긴다.

POINT 이때 반죽이 달라붙지 않도록 반죽 윗면과 작업대에 덧가루를 뿌린 후 반죽을 옮긴다. 반죽의 온도가 16℃가 되면 작업이 가능하며, 20℃까지는 포카치아를 정상적으로 만드는 데 지장이 없다.

⓮ 반죽을 200g으로 분할한다.

⓯ 반죽에 덧가루를 묻혀가며 둥글게 예비 성형한다.

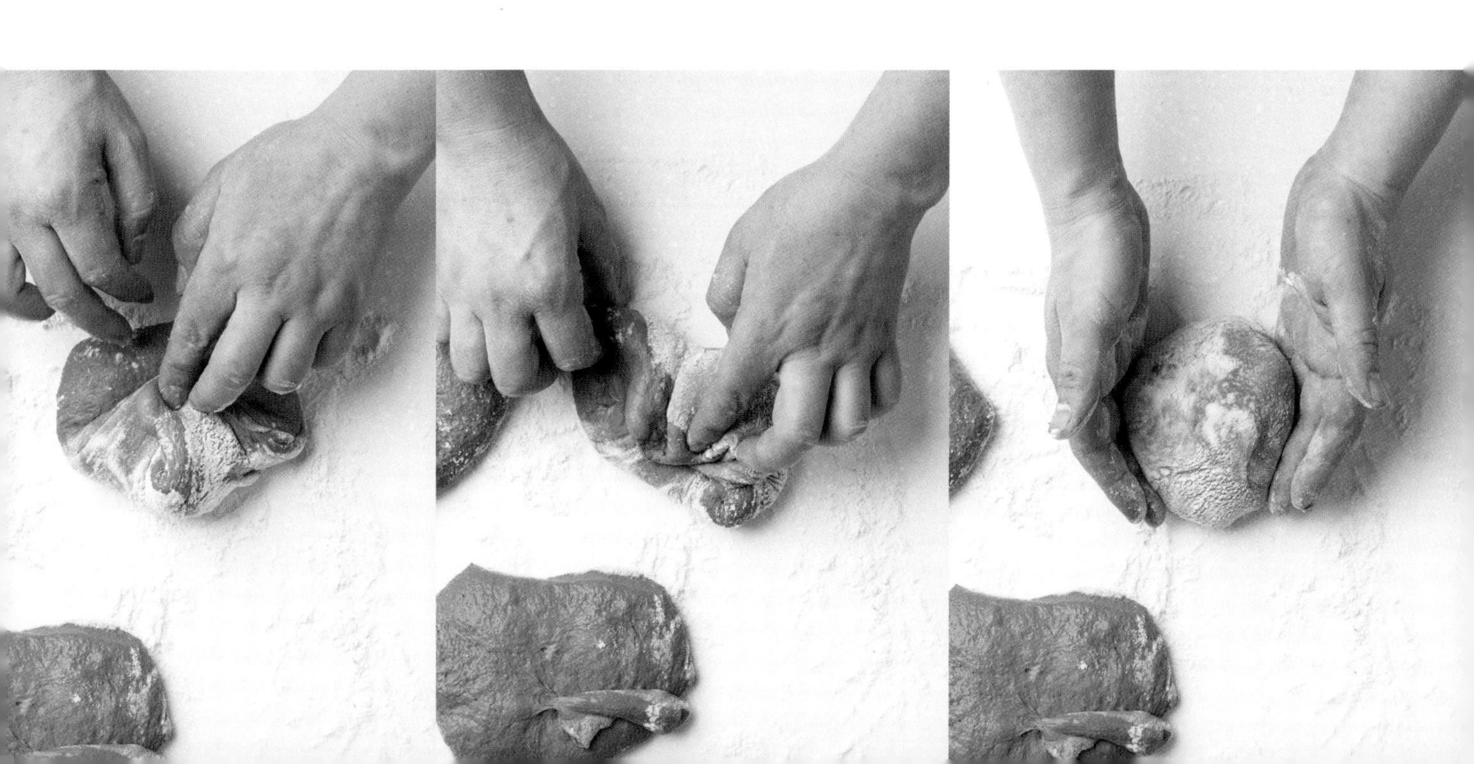

16 17

⑯ 1호 사이즈 원형 팬(지름 15cm)에 팬닝한 후 27℃-75% 발효실에서 30분간 벤치타임을 준다.

⑰ 반죽 윗면에 올리브오일을 바른다.

⑱ 손가락으로 자연스럽게 늘려 팬 사이즈에 맞춘다.

⑲ 방울토마토를 올린 후 27℃-75% 발효실에서 30분간 2차 발효한다.

⑳ 올리브오일을 뿌린다.

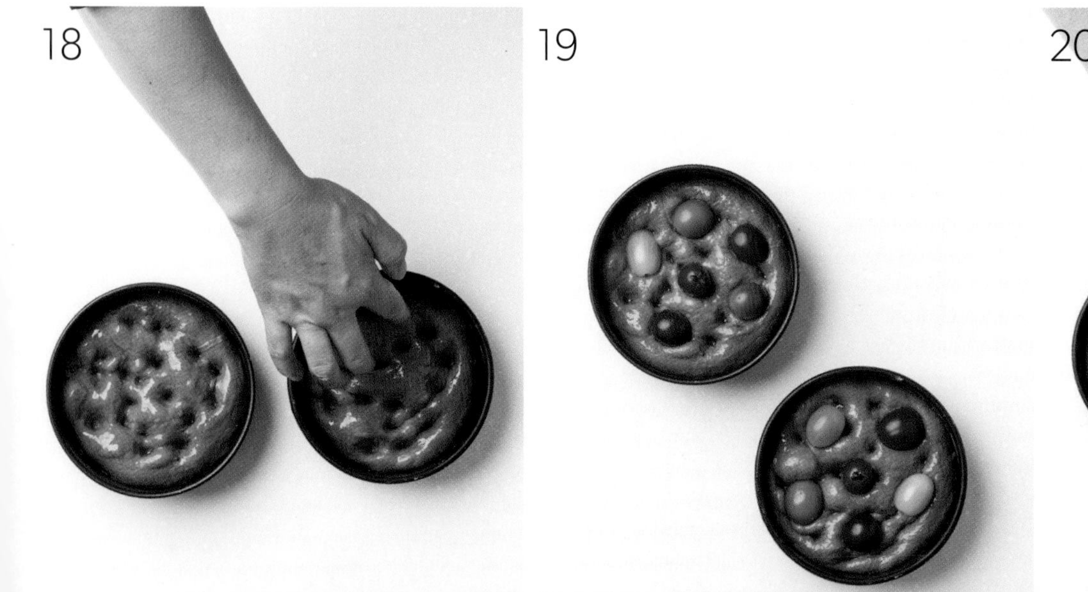
18 19

20

㉑ 그라나파다노 분말을 뿌린다.

POINT 토마토와 잘 어울리는 이탈리안 허브 믹스나 로즈마리 등의 허브를 올려도 좋다.

㉒ 데크 오븐 기준 윗불 250℃-아랫불 220℃에 넣고 스팀을 약 3초간 주입한 후 15분간 굽는다.

POINT ◎ 컨벡션 오븐의 경우 260℃로 예열된 오븐에 넣고 스팀을 3회(총 4초) 주입한 후 15분간 굽는다.

◎ 우녹스 오븐처럼 스팀을 주는 기능이 %로 되어 있는 경우 반죽을 넣기 전 80%로 설정하고, 습기가 차면 반죽을 넣고 볼륨이 올라오는 시점에서 스팀을 0%로 조정한다.

◎ 구워져 나온 포카치아 표면에 올리브오일을 바른다.

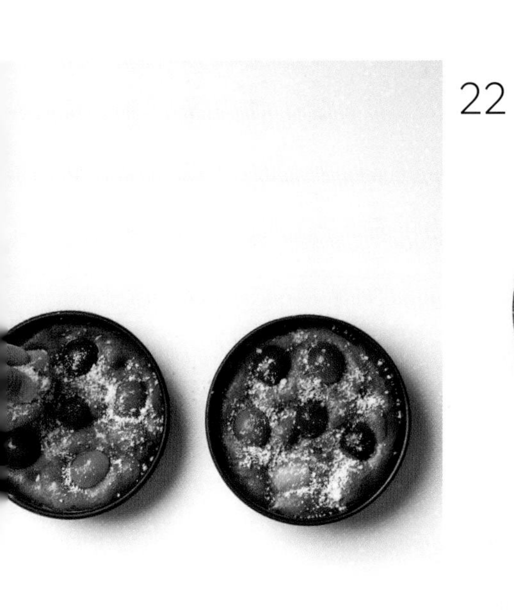

22

02

ROASTED VEGETABLES FOCACCIA

구운 채소 포카치아

먹는 이로 하여금 구운 채소가 주는 특별한 맛과 향을 느낄 수 있게 해주는 포카치아다. 오래 전부터 구상해왔던 메뉴로, 각종 채소를 큼직하게 잘라 마리네이드하고 오븐에 구워 반죽의 충전물과 토핑으로 사용해 만들었다.

비가

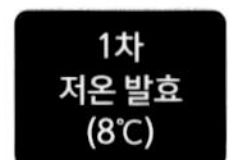

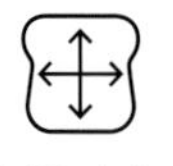

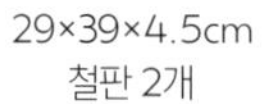

DECK
250°C / 210°C
18분

CONVECTION
260°C
14분

Process

- 비가 반죽 준비
- → 본반죽 믹싱 (최종 반죽 온도 24~25℃)
- → 1차 발효 (25℃ - 75% - 20분)
- → 폴딩
- → 1차 저온 발효 (8℃ - 12~15시간)
- → 16℃로 온도 회복
- → 팬닝
- → 성형
- → 토핑
- → 2차 발효 (27℃ - 75% - 30분)
- → 굽기

Ingredients

비가 반죽 ●
(109p 참고)

포카치아 밀가루 (far focaccia) MOLINO DALLA GIOVANNA	600g
이스트 (saf 세미 드라이 이스트 레드)	2g
물	318g
TOTAL	**920g**

본반죽

비가 반죽 ●	전량
포카치아 밀가루 (far focaccia) MOLINO DALLA GIOVANNA	200g
강력분 (코끼리)	200g
이스트 (saf 세미 드라이 이스트 레드)	1g
몰트엑기스 (마루비시)	5g
물 (30℃)	380g
소금	18g
조정수	140g
올리브오일	70g
TOTAL	**1934g**

구운 채소 충전물
(124p 참고)

재료	분량	재료	분량
가지	70g	감자	130g
단호박	100g	올리브오일	25g
주키니	90g	후추	5g
파프리카	92g	소금	적당량
아스파라거스	40g		

구운 채소 토핑
(125p 참고)

가지, 단호박, 주키니, 파프리카, 올리브오일, 후추, 소금 적당량

토핑

그라나파다노 분말 적당량

ROASTED VEFETABLES FOCACCIA

1
2
3
4
5
6
7
8

How to make

본반죽

❶ 믹싱볼에 비가 반죽, 포카치아 밀가루, 강력분, 이스트, 몰트엑기스, 물을 넣는다.

POINT 이스트는 30~35℃에서 가장 활발하게 활동한다. 얼음물이나 뜨거운 물을 사용할 경우 이스트의 일부가 사멸할 수 있으므로, 이스트를 풀어주는 물의 온도를 잘 맞춰주는 것이 중요하다.

❷ 저속(약 3분) - 중속(약 1분)간 믹싱한다.

❸ 반죽에 물기가 보이지 않고 어느 정도의 탄력이 생기면 소금을 넣는다.

❹ 저속(약 1분) - 중속(약 3분)간 믹싱한다.

❺ 반죽이 볼 바닥에서 떨어지는 상태가 되면 조정수 140g을 3~4분간 천천히 흘려가며 믹싱한다.

POINT ● 조정수는 한 번에 다 넣기보다는 일부를 남겨두고 반죽의 되기를 확인하며 추가한다. 조정수는 밀가루 1,000g 기준 1회에 20g 이상을 사용하지 않도록 한다. 따라서 140g의 조정수는 최소 7회로 나눠가며 반죽에서 서서히 수화시켜주는 것이 중요하다.

● 사용하는 밀가루나 작업 환경이 바뀔 경우 사용하는 조정수의 양도 늘어나거나 줄어들 수 있으므로, 항상 반죽의 상태를 확인하며 조정수의 양을 조절한다.

❻ 조정수가 반죽에 모두 흡수되면 올리브오일을 약 3분간 천천히 흘려가며 믹싱한다.

POINT 올리브오일은 믹싱볼 벽면에 조금씩 흘려가면서 천천히 넣어준다. 올리브오일이 반죽에 모두 흡수될 때까지 믹싱한다.

❼ 올리브오일이 반죽에 모두 흡수되면 구운 채소 충전물을 넣고 가볍게 믹싱한다.

POINT 구운 채소를 넣고 강하게 믹싱할 경우 채소가 부서질 수 있으므로, 저속으로 가볍게 믹싱한다. 반죽기가 작은 경우 반죽을 꺼내 브레드박스로 옮겨 스크래퍼를 이용해 손으로 섞어주는 것이 채소의 형태를 유지하는 데 좋다.

❽ 최종 반죽 온도는 24~25℃가 이상적이며 반죽은 매끄럽고 윤기가 흐르는 상태다.

POINT 최종 반죽의 온도가 낮거나 높은 경우 발효 시간은 늘어나거나 줄어들 수 있다. 그렇기 때문에 반죽이 끝나고 최종 온도 체크를 하는 것은 저온 발효 후 정상적인 제품을 생산하기 위한 아주 중요한 공정이다.

How to make

❾ 브레드박스 안쪽에 올리브오일을 바른다.

POINT 여기에서는 26.5×32.5×10cm 크기의 브레드박스를 사용했다.

❿ 올리브오일을 바른 브레드 박스 2개에 반죽을 나눠 옮긴 후 25℃-75% 발효실에서 약 20분간 1차 발효한다.

⓫ 반죽을 상하좌우로 4번 폴딩한다.

⓬ 8℃에서 12~15시간 저온 발효한다.

⓭ 반죽을 실온에 두고 16℃로 온도가 회복되면 올리브오일을 바른 철판으로 옮긴다.

POINT ◍ 여기에서는 29×39×4.5cm 크기의 철판을 사용했다.

◍ 반죽의 온도가 16℃가 되면 작업이 가능하며, 20℃까지는 포카치아를 정상적으로 만드는 데 지장이 없다.

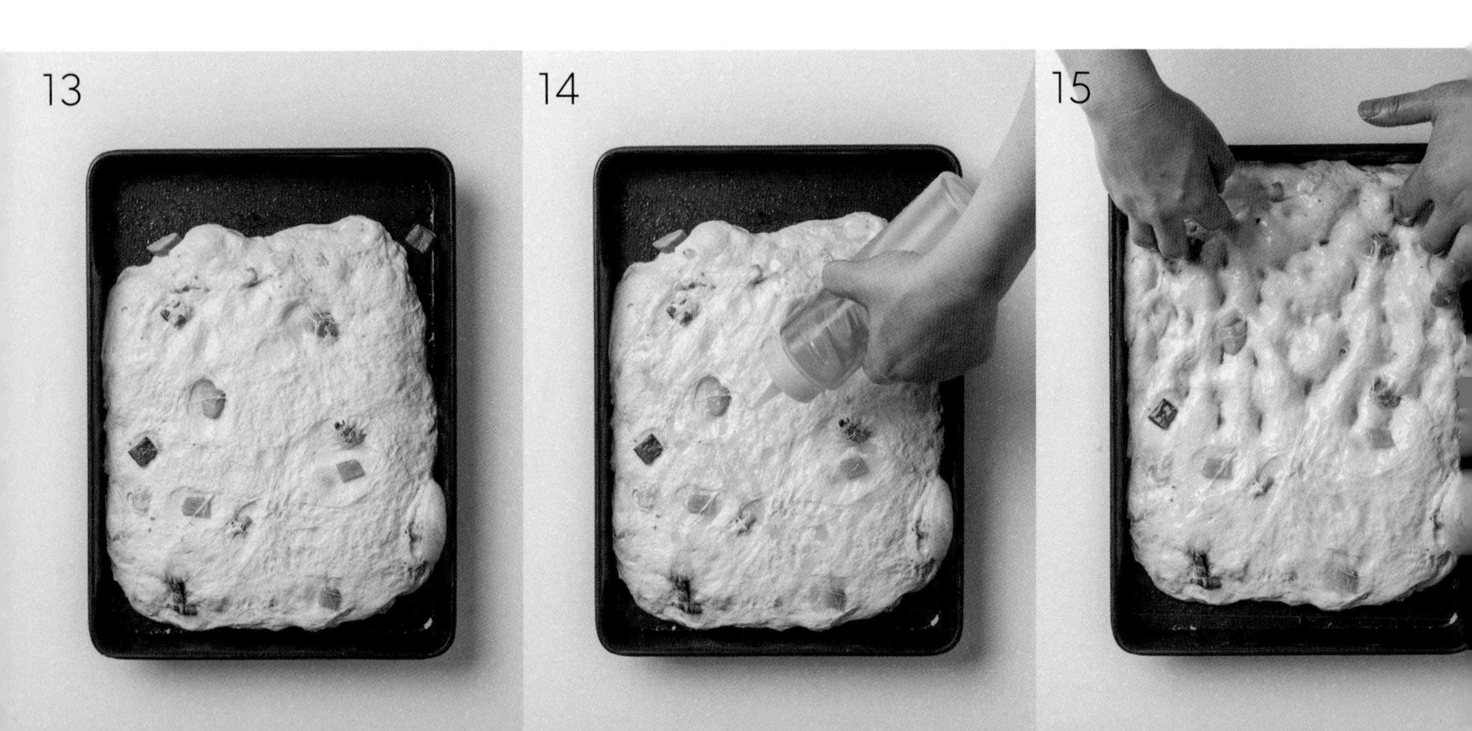

12

⓮ 반죽 윗면에 올리브오일을 뿌린 후 골고루 펴 바른다.

⓯ 손가락으로 반죽을 자연스럽게 늘리며 철판 전체에 고르게 펼친다.

POINT 이 과정에서 반죽이 철판 가장자리까지 잘 늘어나지 않는다면 다시 발효실에 넣어 벤치타임을 주고 반죽이 부드러워지면 다시 늘려준다.

⓰ 반죽 위에 구운 채소 토핑을 골고루 올린다.

⓱ 그라나파다노 분말을 뿌린 후 27℃-75% 발효실에서 약 30분간 2차 발효한다.

⓲ 데크 오븐 기준 윗불 250℃-아랫불 210℃에 넣고 스팀을 약 3초간 주입한 후 18분간 굽는다.

POINT ◎ 컨벡션 오븐의 경우 260℃로 예열된 오븐에 넣고 스팀을 3회(총 4초) 주입한 후 14분간 굽는다.
◎ 우녹스 오븐처럼 스팀을 주는 기능이 %로 되어 있는 경우 반죽을 넣기 전 80%로 설정하고, 습기가 차면 반죽을 넣고 볼륨이 올라오는 시점에서 스팀을 0%로 조정한다.
◎ 구워져 나온 포카치아 표면에 올리브오일을 바른다.

17

18

How to make 구운 채소 충전물

❶ 가지, 단호박, 주키니, 파프리카, 감자, 아스파라거스를 깨끗이 씻은 후 물기를 제거해 2cm 정도의 크기로 자른다.

❷ **1**에 올리브오일, 후추를 넣고 골고루 버무린다.

❸ 유산지를 깐 철판에 팬닝한 후 소금을 살짝 뿌린다.

POINT 채소의 종류나 크기에 따라 구워지는 시간이 다르므로 각각 팬닝하는 것이 좋다.

❹ 컨벡션 오븐 기준 230℃에서 약 5분간 굽는다.

How to make 구운 채소 토핑

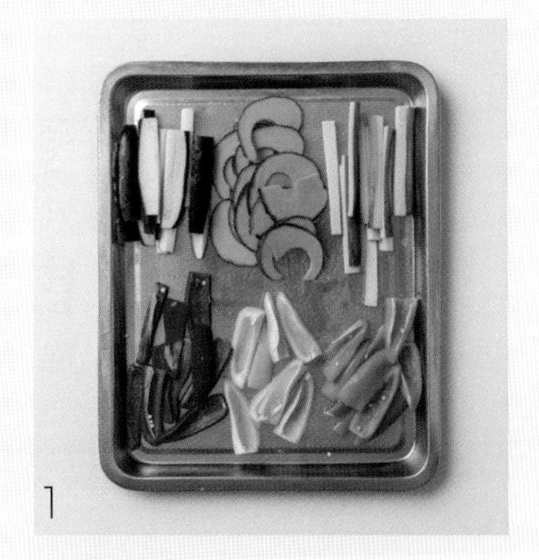
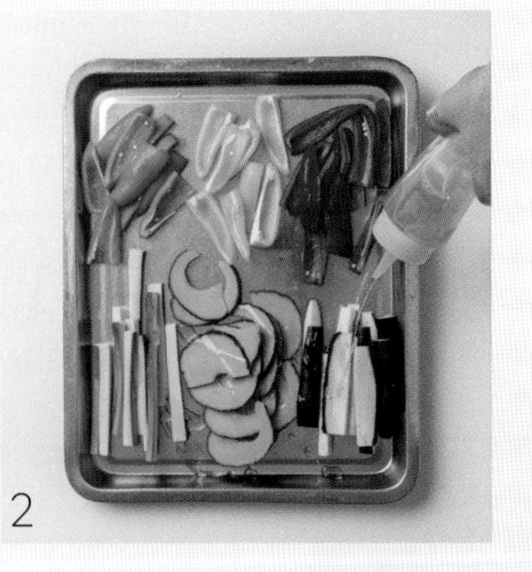

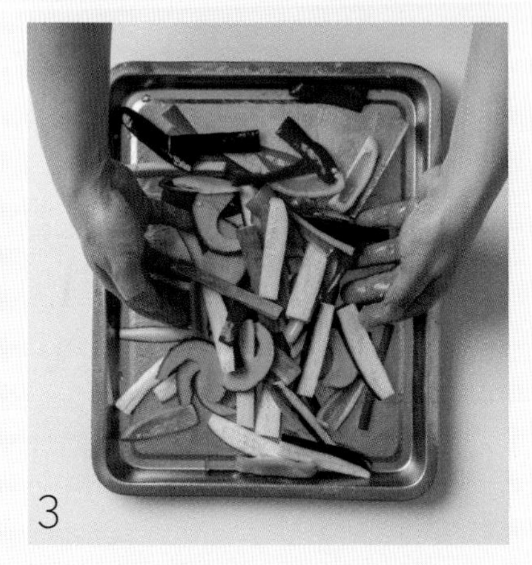

❶ 가지, 단호박, 주키니, 파프리카를 깨끗이 씻은 후 물기를 제거해 얇고 길게 자른다.

POINT 가지와 파프리카는 금방 익는 반면 단호박과 주키니는 익는 데 시간이 걸리므로 너무 두껍게 썰지 않도록 주의한다.

❷ 올리브오일, 후추, 소금을 뿌린다.

❸ 골고루 버무린 후 사용한다.

application

둥근 삼각형 모양으로 만드는 구운 채소 포카치아

포카치아 반죽
삼각형으로 성형하기

1. 냉장고에서 1차 발효를 마치고 실온에 두어 16°C로 온도를 회복한 반죽을 200g으로 분할한다.
2. 가볍게 둥글리기한다.
3. 덧가루를 묻힌 철판에 팬닝한다.
4. 27°C-75% 발효실에서 약 30분간 벤치타임을 준다.
5. 덧가루를 뿌린 작업대에 반죽을 올린다.
6. 반죽을 3면으로 접어 삼각형 모양으로 성형한 후 반죽이 모이는 가운데 부분을 잘 눌러 고정시킨다.
7. 테프론시트를 깐 나무판 위에 반죽을 올린다.
8. 반죽에 올리브오일을 뿌리고 골고루 발라준다.
9. 반죽을 손가락으로 자연스럽게 늘린다.
10. 구운 채소 토핑을 올리고 27°C-75% 발효실에서 약 30분간 2차 발효한 후 굽는다.

- 데크 오븐의 경우 윗불 250℃-아랫불 210℃에 넣고 스팀을 약 3~4초간 주입한 후 12분간 굽는다.
- 컨벡션 오븐의 경우 250℃로 예열된 오븐에 넣고 스팀을 3회(총 4초) 주입한 후 190℃로 낮춰 12분간 굽는다.
- 우녹스 오븐처럼 스팀을 주는 기능이 %로 되어 있는 경우 반죽을 넣기 전 80%로 설정하고, 습기가 차면 반죽을 넣고 볼륨이 올라오는 시점에서 스팀을 0%로 조정한다.
- 구워져 나온 포카치아 표면에 올리브오일을 바른다.

1
2
3
4
5
6
7
8
9
10

"

마리네이드한 색색의 채소를 토핑으로 올리면
보기에도 예쁘고 건강에도 좋은 느낌의
포카치아를 완성할 수 있다.

"

03

TOMATO FOCACCIA

토마토 포카치아

좀 더 재미있는 모양으로 포카치아를 만들고 싶어 베이글 모양으로 가운데 구멍을 내어 만든 메뉴다. 바질의 향긋함이 느껴지는 반죽에 선드라이토마토와 두 가지 치즈를 곁들였다. 여기에 방울토마토를 토핑으로 올리고 파르메산 슈레드를 듬뿍 뿌려 담백하면서도 이탈리아의 맛이 느껴지도록 완성했다.

비가

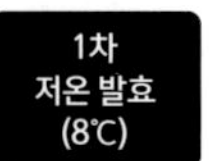

250g
약 10개

DECK
250°C / 220°C
12분

CONVECTION
250°C → 190°C
13분

Process

비가 반죽 준비
→ 본반죽 믹싱 (최종 반죽 온도 24~25℃)
→ 1차 발효 (25℃ - 75% - 20분)
→ 폴딩
→ 1차 저온 발효 (8℃ - 12~15시간)
→ 16℃로 온도 회복
→ 분할 (250g)
→ 벤치타임 (27℃ - 75% - 30분)
→ 성형
→ 토핑
→ 2차 발효 (27℃ - 75% - 30분)
→ 굽기

Ingredients

비가 반죽 ● (109p 참고)

포카치아 밀가루 (far focaccia) MOLINO DALLA GIOVANNA	600g
이스트 (saf 세미 드라이 이스트 레드)	2g
물	318g
TOTAL	**920g**

본반죽

비가 반죽 ●	전량
포카치아 밀가루 (far focaccia) MOLINO DALLA GIOVANNA	200g
강력분 (코끼리)	200g
이스트 (saf 세미 드라이 이스트 레드)	1g
물 (30℃)	380g
소금	18g
조정수	140g
올리브오일	70g
TOTAL	**1929g**

충전물

선드라이토마토 (네이처, 냉동 오븐 세미드라이토마토)	300g
고다치즈	150g
체다치즈	100g
냉동 바질	15g
허브 믹스	적당량

토핑 방울토마토, 허브 믹스, 슈레드 파르메산 적당량

TOMATO FOCACCIA

1
2
3
4
5
6
7
8

How to make

본반죽

❶ 믹싱볼에 비가 반죽, 포카치아 밀가루, 강력분, 이스트, 물을 넣는다.

POINT 이스트는 30~35℃에서 가장 활발하게 활동한다. 얼음물이나 뜨거운 물을 사용할 경우 이스트의 일부가 사멸할 수 있으므로, 이스트를 풀어주는 물의 온도를 잘 맞춰주는 것이 중요하다.

❷ 저속(약 3분) - 중속(약 1분)간 믹싱한다.

❸ 반죽에 물기가 보이지 않고 어느 정도의 탄력이 생기면 소금을 넣는다.

❹ 저속(약 1분) - 중속(약 3분)간 믹싱한다.

❺ 반죽이 볼 바닥에서 떨어지는 상태가 되면 조정수 140g을 3~4분간 천천히 흘려가며 믹싱한다.

POINT ◉ 조정수는 한 번에 다 넣기보다는 일부를 남겨두고 반죽의 되기를 확인하며 추가한다. 조정수는 밀가루 1,000g 기준 1회에 20g 이상을 사용하지 않도록 한다. 따라서 140g의 조정수는 최소 7회로 나눠가며 반죽에서 서서히 수화시켜주는 것이 중요하다.

◉ 사용하는 밀가루나 작업 환경이 바뀔 경우 사용하는 조정수의 양도 늘어나거나 줄어들 수 있으므로, 항상 반죽의 상태를 확인하며 조정수의 양을 조절한다.

❻ 조정수가 반죽에 모두 흡수되면 올리브오일을 약 3분간 천천히 흘려가며 믹싱한다.

POINT 올리브오일은 믹싱볼 벽면에 조금씩 흘려가면서 천천히 넣어준다. 올리브오일이 반죽에 모두 흡수될 때까지 믹싱한다.

❼ 올리브오일이 모두 흡수되면 충전물을 넣고 가볍게 믹싱한다.

POINT ◉ 치즈의 경우 실온에 오래 방치하게 되면 녹거나 서로 붙어버려 반죽에 골고루 섞이지 않거나 부서질 수 있으므로, 냉장 보관한 상태로 반죽에 섞는 것이 좋다.

◉ 직접 만든 선드라이토마토의 경우 수분이 없는 상태라 그대로 사용하면 되지만, 시중에서 판매하는 냉동 선드라이토마토는 오일과 허브, 마늘 등이 섞여 있어 수분이 많은 상태이므로 수분을 제거한 후 사용하는 것이 좋다.

❽ 최종 반죽 온도는 24~25℃가 이상적이며 반죽은 매끄럽고 윤기가 흐르는 상태다.

POINT 최종 반죽의 온도가 낮거나 높은 경우 발효 시간은 늘어나거나 줄어들 수 있다. 그렇기 때문에 반죽이 끝나고 최종 온도 체크를 하는 것은 저온 발효 후 정상적인 제품을 생산하기 위한 아주 중요한 공정이다.

How to make

❾ 올리브오일을 바른 브레드박스로 반죽을 옮긴 후 25℃-75% 발효실에서 약 20분간 1차 발효한다.

POINT 여기에서는 32.5×35.3×10cm 크기의 브레드박스를 사용했다.

❿ 반죽을 상하좌우로 4번 폴딩한다.

⓫ 8℃에서 12~15시간 저온 발효한다.

⓬ 반죽을 실온에 두고 16℃로 온도가 회복되면 작업대에 반죽을 옮긴다.

POINT 이때 반죽이 달라붙지 않도록 반죽 윗면과 작업대에 덧가루를 뿌린 후 반죽을 옮긴다. 반죽의 온도가 16℃가 되면 작업이 가능하며, 20℃까지는 포카치아를 정상적으로 만드는 데 지장이 없다.

⓭ 반죽을 250g으로 분할한다.

⓮ 가볍게 둥글리기한다.

POINT 여기에서는 베이글 모양의 포카치아를 만들기 위해 둥글게 예비 성형을 했지만, 타원형의 긴 포카치아를 만드는 경우 타원형으로 예비 성형을 하면 된다.

⑮ 덧가루를 묻힌 철판에 팬닝한 후 27℃-75% 발효실에서 약 30분간 벤치타임을 준다.

⑯ 테프론시트를 깐 나무판에 반죽을 옮긴 후 윗면에 올리브오일을 골고루 바른다.

⑰ 반죽 가운데에 구멍을 뚫어준다.

POINT 이 과정에서 가운데 구멍이 작게 뚫리면 굽는 과정에서 오븐 스프링에 의해 구멍이 없어질 수 있으므로, 구멍의 크기를 여유 있게 만들어주는 것이 좋다.

⑱ 구멍을 늘려 링 모양으로 만들어준다.

⑲ 반으로 자른 방울토마토를 올린다.

POINT 토마토를 올린 후 살짝 눌러주어야 구워지면서 토마토가 떨어지는 것을 방지할 수 있다.

⑳ 올리브오일을 뿌린다.

㉑ 허브 믹스를 뿌린다.

❷❷ 슈레드 파르메산을 뿌린 후, 27℃ - 75% 발효실에서 약 30분간 2차 발효한다.

❷❸ 데크 오븐 기준 윗불 250℃ - 아랫불 220℃에 넣고 스팀을 약 3~4초간 주입한 후 12분간 굽는다.

POINT ◎ 컨벡션 오븐의 경우 250℃로 예열된 오븐에 넣고 스팀을 3회(총 4초) 주입한 후 190℃로 낮춰 13분간 굽는다.
◎ 구워져 나온 포카치아 표면에 올리브오일을 바른다.

04

SPINACH & EDAM CHEESE FOCACCIA

시금치 & 에담치즈 포카치아

영양이 풍부한 시금치에 에담치즈의 특별한 맛을 더해 그 자체로도 충분히 맛있게 즐길 수 있다. 충전물로는 청양고추를 더해 적당한 매콤함을 주어 자칫 심심하게 느껴질 수 있는 시금치의 맛에 포인트를 주었다. 청양고추의 매콤한 맛과 에담치즈의 진한 고소함이 균형 있게 어우러지는 메뉴다.

비가

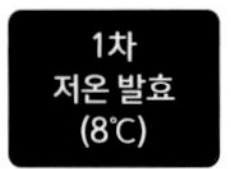

16×10cm
약 10개

DECK
260°C / 220°C
7분

CONVECTION
250°C → 210°C
7분

Process

- 비가 반죽 준비
- → 본반죽 믹싱 (최종 반죽 온도 24~25℃)
- → 1차 발효 (25℃ - 75% - 20분)
- → 폴딩
- → 1차 저온 발효 (8℃ - 12~15시간)
- → 16℃로 온도 회복
- → 분할
- → 성형
- → 2차 발효 (25℃ - 75% - 20분)
- → 굽기

Ingredients

비가 반죽 ●
(109p 참고)

포카치아 밀가루 (far focaccia) MOLINO DALLA GIOVANNA	600g
이스트 (saf 세미 드라이 이스트 레드)	2g
물	318g
TOTAL	**920g**

본반죽

비가 반죽 ●	전량
포카치아 밀가루 (far focaccia) MOLINO DALLA GIOVANNA	200g
강력분 (코끼리)	200g
이스트 (saf 세미 드라이 이스트 레드)	1g
물 (30℃)	380g
소금	18g
조정수	140g
올리브오일	70g
TOTAL	**1929g**

충전물

시금치	160g
슬라이스 에담치즈	120g
슈레드 파르메산	60g
건조 크랜베리	80g
청양고추	30g

SPINACH & EDAM CHEESE FOCACCIA

1
2
3
4
5
6
7
8

How to make

본반죽

❶ 믹싱볼에 비가 반죽, 포카치아 밀가루, 강력분, 이스트, 물을 넣는다.

POINT 이스트는 30~35℃에서 가장 활발하게 활동한다. 얼음물이나 뜨거운 물을 사용할 경우 이스트의 일부가 사멸할 수 있으므로, 이스트를 풀어주는 물의 온도를 잘 맞춰주는 것이 중요하다.

❷ 저속(약 3분) - 중속(약 1분)간 믹싱한다.

❸ 반죽에 물기가 보이지 않고 어느 정도의 탄력이 생기면 소금을 넣는다.

❹ 저속(약 1분) - 중속(약 3분)간 믹싱한다.

❺ 반죽이 볼 바닥에서 떨어지는 상태가 되면 조정수 140g을 3~4분간 천천히 흘려가며 믹싱한다.

POINT ◎ 조정수는 한 번에 다 넣기보다는 일부를 남겨두고 반죽의 되기를 확인하며 추가한다. 조정수는 밀가루 1,000g 기준 1회에 20g 이상을 사용하지 않도록 한다. 따라서 140g의 조정수는 최소 7회로 나눠가며 반죽에서 서서히 수화시켜주는 것이 중요하다.

◎ 사용하는 밀가루나 작업 환경이 바뀔 경우 사용하는 조정수의 양도 늘어나거나 줄어들 수 있으므로, 항상 반죽의 상태를 확인하며 조정수의 양을 조절한다.

❻ 조정수가 반죽에 모두 흡수되면 올리브오일을 약 3분간 천천히 흘려가며 믹싱한다.

POINT 올리브오일은 믹싱볼 벽면에 조금씩 흘려가면서 천천히 넣어준다. 올리브오일이 반죽에 모두 흡수될 때까지 믹싱한다.

❼ 올리브오일이 반죽에 모두 흡수되면 충전물을 넣고 가볍게 믹싱한다.

POINT 시금치와 청양고추는 적당한 크기로 썰고 슬라이스 에담치즈는 사이사이에 밀가루를 묻혀 3등분으로 자른 후 슬라이스한다. (밀가루를 묻히면 치즈가 서로 달라붙는 것을 방지할 수 있다.)

❽ 최종 반죽 온도는 24~25℃가 이상적이며 반죽은 매끄럽고 윤기가 흐르는 상태다.

POINT 최종 반죽의 온도가 낮거나 높은 경우 발효 시간은 늘어나거나 줄어들 수 있다. 그렇기 때문에 반죽이 끝나고 최종 온도 체크를 하는 것은 저온 발효 후 정상적인 제품을 생산하기 위한 아주 중요한 공정이다.

9

10

How to make

❾ 올리브오일을 바른 브레드박스로 반죽을 옮긴 후 25℃-75% 발효실에서 약 20분간 1차 발효한다.

POINT 여기에서는 32.5×35.3×10cm 크기의 브레드박스를 사용했다.

❿ 반죽을 상하좌우로 4번 폴딩한다.

⓫ 8℃에서 12~15시간 저온 발효한다.

12

11

⓬ 반죽을 실온에 두고 16℃로 온도가 회복되면 작업대에 반죽을 옮긴다.

POINT 이때 반죽이 달라붙지 않도록 반죽 윗면과 작업대에 덧가루를 뿌린 후 반죽을 옮긴다. 반죽의 온도가 16℃가 되면 작업이 가능하며, 20℃까지는 포카치아를 정상적으로 만드는 데 지장이 없다.

⓭ 반죽에 덧가루를 뿌린다.

POINT 덧가루는 세몰리나와 강력분을 1:1 비율로 섞어 사용한다. 폴렌타를 사용해도 좋다.

⓮ 반죽을 50×32cm 직사각 형태로 만든다.

⓯ 16×10cm로 재단한다.

POINT 원하는 모양으로 재단할 수 있다. 반죽을 길게 재단한 후 꼬아 트위스트 모양으로 만들면 더 도톰해지면서 폭신한 식감으로 완성할 수 있다.

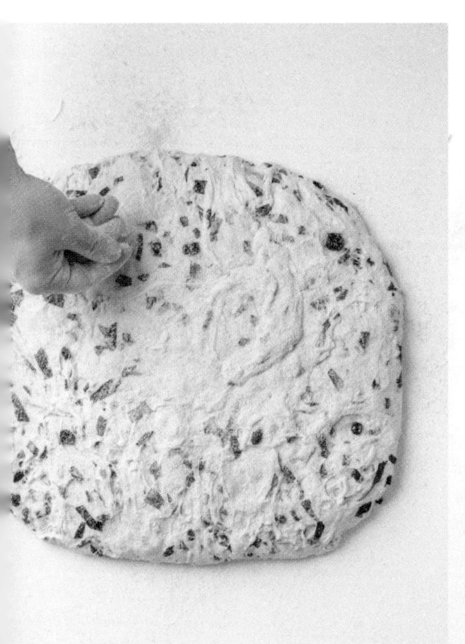

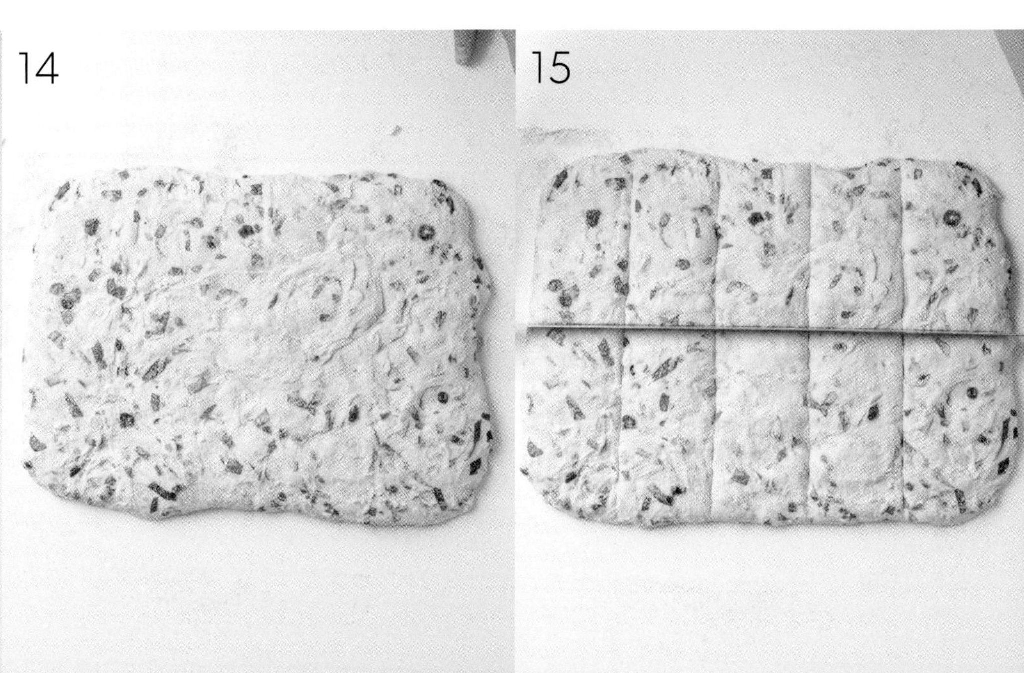

14

15

⓰ 테프론시트를 깐 나무판 위에 재단한 반죽을 올린 후 반죽 안쪽을 잘라 모양을 만든다.

⓱ 25℃-75% 발효실에서 20분간 2차 발효한 후, 데크 오븐 기준 윗불 260℃-아랫불 220℃에 넣고 스팀을 약 3~4초간 주입한 후 7분간 굽는다.

POINT 컨벡션 오븐의 경우 250℃로 예열된 오븐에 넣고 스팀을 3회(총 4초) 주입한 후 210℃로 낮춰 7분간 굽는다.

SPINACH & EDAM CHEESE FOCACCIA

POTATO & OLIVE FOCACCIA

감자 & 올리브 포카치아

이 책을 준비하면서 새롭게 만든 포카치아 중 가장 기억에 남는 메뉴다. 테스트하며 만든 포카치아를 먹고 감동해 혼자 소리까지 질러가며 정말 맛있게 먹은 포카치아다. 가끔은 아무에게도 알려주고 싶지 않을 만큼 애착이 가는 제품이 있는데 이 메뉴가 바로 그런 메뉴다. 구운 감자를 충전물로 사용해 감자의 담백한 맛과 포슬포슬한 식감을 느낄 수 있고, 얇게 슬라이스해 돌돌 말아 반죽에 꽂은 감자는 구워지면서 바삭해져 감자칩을 먹는 듯한 재미있는 맛과 식감을 가진 특별한 포카치아다.

비가

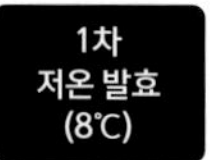

250g
약 11개

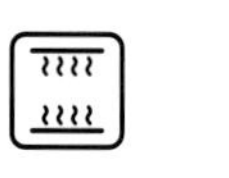

DECK
250°C / 220°C
15분

CONVECTION
250°C → 200°C
14분

Process

- 비가 반죽 준비
- → 본반죽 믹싱 (최종 반죽 온도 24~25℃)
- → 1차 발효 (25℃ - 75% - 20분)
- → 폴딩
- → 1차 저온 발효 (8℃ - 12~15시간)
- → 16℃로 온도 회복
- → 분할 (250g)
- → 벤치타임 (27℃ - 75% - 40분)
- → 성형
- → 토핑
- → 2차 발효 (25℃ - 75% - 20분)
- → 굽기

Ingredients

비가 반죽 ● (109p 참고)

포카치아 밀가루 (far focaccia) MOLINO DALLA GIOVANNA	600g
이스트 (saf 세미 드라이 이스트 레드)	2g
물	318g
TOTAL	**920g**

본반죽

비가 반죽 ●	전량
포카치아 밀가루 (far focaccia) MOLINO DALLA GIOVANNA	200g
강력분 (코끼리)	200g
이스트 (saf 세미 드라이 이스트 레드)	1g
물 (30℃)	380g
소금	18g
조정수	140g
생로즈마리	2g
구운 감자 (또는 찐감자)	250g
올리브오일	70g
TOTAL	**2181g**

충전물용 감자 ● (156p 참고)

감자	300g
올리브오일	20g
후추	0.6g
소금	1g

충전물

충전물용 감자 ●	전량
고다치즈	150g
블랙올리브	150g

토핑 얇게 슬라이스한 생감자, 허브 믹스, 그라노파다노 분말, 크러쉬드 레드페퍼 적당량

POTATO & OLIVE FOCACCIA

1
2
3
4
5
6
7
8
9

How to make

본반죽

❶ 믹싱볼에 비가 반죽, 포카치아 밀가루, 강력분, 이스트, 물을 넣는다.

POINT 이스트는 30~35℃에서 가장 활발하게 활동한다. 얼음물이나 뜨거운 물을 사용할 경우 이스트의 일부가 사멸할 수 있으므로, 이스트를 풀어주는 물의 온도를 잘 맞춰주는 것이 중요하다.

❷ 저속(약 3분) - 중속(약 1분)간 믹싱한다.

❸ 반죽에 물기가 보이지 않고 어느 정도의 탄력이 생기면 소금을 넣는다.

❹ 저속(약 1분) - 중속(약 3분)간 믹싱한다.

❺ 반죽이 볼 바닥에서 떨어지는 상태가 되면 조정수 140g을 3~4분간 천천히 흘려가며 믹싱한다.

POINT ● 조정수는 한 번에 다 넣기보다는 일부를 남겨두고 반죽의 되기를 확인하며 추가한다. 조정수는 밀가루 1,000g 기준 1회에 20g 이상을 사용하지 않도록 한다. 따라서 140g의 조정수는 최소 7회로 나눠가며 반죽에서 서서히 수화시켜주는 것이 중요하다.

● 사용하는 밀가루나 작업 환경이 바뀔 경우 사용하는 조정수의 양도 늘어나거나 줄어들 수 있으므로, 항상 반죽의 상태를 확인하며 조정수의 양을 조절한다.

❻ 조정수가 반죽에 모두 흡수되면 생로즈마리, 구운 감자(또는 찐감자)를 넣고 믹싱한다.

❼ 생로즈마리, 구운 감자가 충분히 섞이면 올리브오일을 약 3분간 천천히 흘려가며 믹싱한다.

POINT 올리브오일은 믹싱볼 벽면에 조금씩 흘려가면서 천천히 넣어준다. 올리브오일이 반죽에 모두 흡수될 때까지 믹싱한다.

❽ 수화가 충분히 이루어져 반죽이 매끄럽고 윤기가 흐르는 상태가 되면 충전물을 넣고 가볍게 믹싱한다.

POINT 고다치즈는 적당한 크기로 잘라 사용한다.

❾ 최종 반죽 온도는 24~25℃가 이상적이며 반죽은 매끄럽고 윤기가 흐르는 상태다.

POINT 최종 반죽의 온도가 낮거나 높은 경우 발효 시간은 늘어나거나 줄어들 수 있다. 그렇기 때문에 반죽이 끝나고 최종 온도 체크를 하는 것은 저온 발효 후 정상적인 제품을 생산하기 위한 아주 중요한 공정이다.

How to make

⑩ 올리브오일을 바른 브레드박스로 반죽을 옮긴 후 25℃-75% 발효실에서 약 20분간 1차 발효한다.

POINT 여기에서는 32.5×35.3×10cm 크기의 브레드박스를 사용했다.

⑪ 반죽을 상하좌우로 4번 폴딩한다.

⑫ 8℃에서 12~15시간 저온 발효한다.

12

⓭ 반죽을 실온에 두고 16℃로 온도가 회복되면 작업대에 반죽을 옮긴다.

POINT 이때 반죽이 달라붙지 않도록 반죽 윗면과 작업대에 덧가루를 뿌린 후 반죽을 옮긴다. 반죽의 온도가 16℃가 되면 작업이 가능하며, 20℃까지는 포카치아를 정상적으로 만드는 데 지장이 없다.

⓮ 반죽을 250g으로 분할한다.

⓯ 반죽을 가볍게 둥글리기한다.

POINT 타원형으로 만드는 경우 예비 성형도 타원형으로 한다.

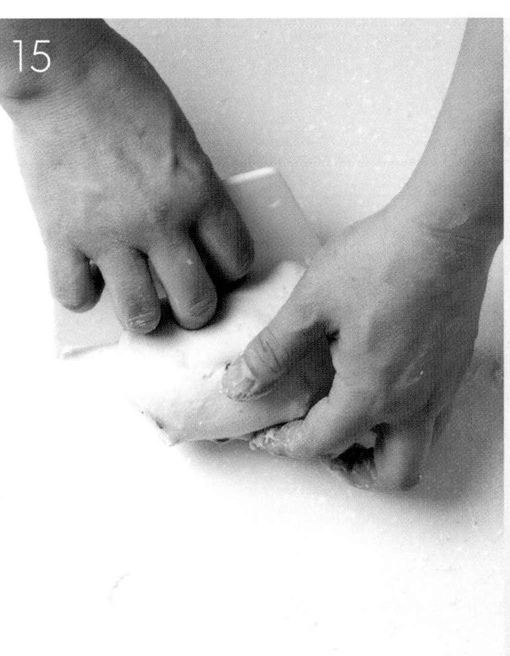

15

⑯ 테프론시트를 깐 나무판 위에 반죽을 올린다.

POINT 철판 대신 테프론시트를 사용하는 이유는 오븐에 반죽이 직접적으로 더 빠르게 열이 전달되어 오븐 스프링이 좋아지기 때문이다. 이 과정이 어렵다면 일반 철판에 팬닝해 굽는데, 이 경우 테프론시트에서 구울 때보다 10~20℃로 온도를 더 높여 굽는다.

⑰ 27℃-75% 발효실에서 약 40분간 벤치타임을 준다.

⑱ 반죽 윗면에 올리브오일을 바른다.

⑲ 손가락으로 자연스럽게 반죽을 늘린다.

⑳ 얇게 슬라이스한 생감자를 두 장 겹쳐 돌돌 말아 반죽에 꽂아 고정시킨다.

POINT 감자는 채칼을 이용해 얇게 슬라이스한다. 미리 작업하면 감자가 갈변되므로 사용하기 직전에 준비한다.

㉑ 올리브오일을 뿌린다.

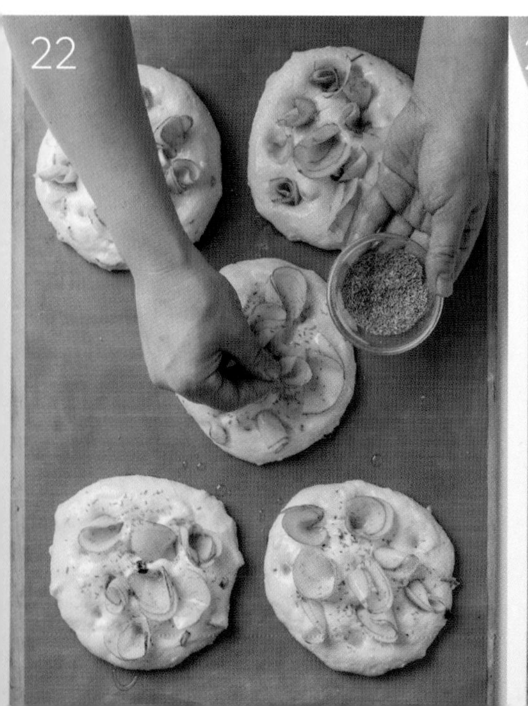

20

21

㉒ 허브 믹스를 뿌린다.

POINT 허브 믹스 대신 감자와 잘 어울리는 로즈마리를 사용해도 좋다.

㉓ 그라노파다노 분말을 뿌린다.

㉔ 크러쉬드 레드페퍼를 뿌린다.

POINT 매콤한 맛을 좋아한다면 크러쉬드 레드페퍼를 첨가하고, 담백한 감자의 맛으로 완성하고 싶다면 생략한다.

㉕ 25℃-75% 발효실에서 20분간 2차 발효한 후, 데크 오븐 기준 윗불 250℃-아랫불 220℃에 넣고 스팀을 약 3~4초간 주입한 후 15분간 굽는다.

POINT ◎ 컨벡션 오븐의 경우 250℃로 예열된 오븐에 넣고 스팀을 3회(총 4초) 주입한 후 200℃로 낮춰 14분간 굽는다.
◎ 구워져 나온 포카치아 표면에 올리브오일을 바른다.

포카치아 반죽
원형으로 성형하기

How to 감자 토핑하기

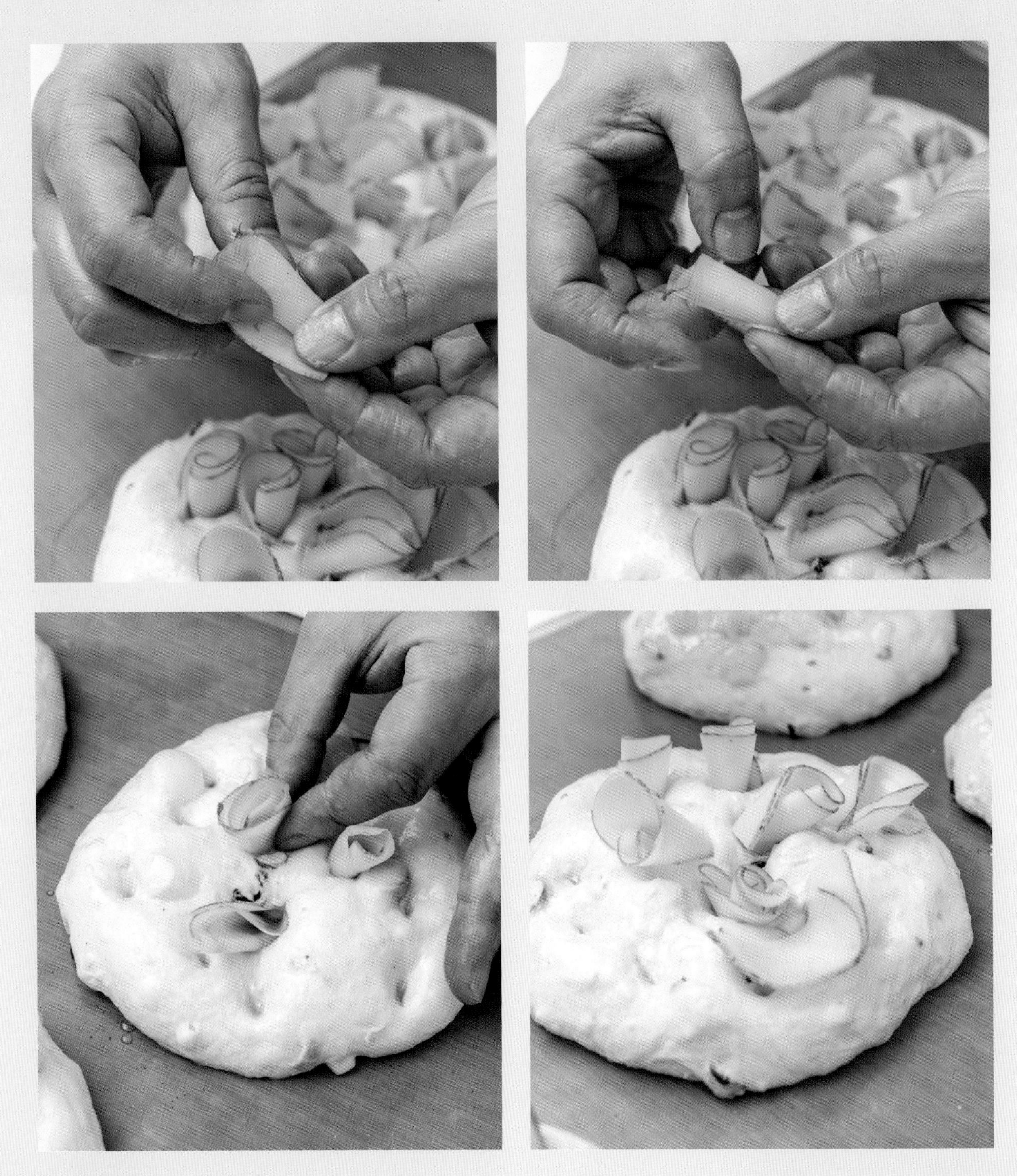

얇게 슬라이스한 감자 2장을 겹쳐 돌돌 말아 반죽에 꽂아준다.
얇게 슬라이스해서 굽는 만큼 크리스피한 식감을 더해줄 수 있다.

"

취향에 따라 크러쉬드 페퍼를 뿌려

매콤한 맛을 첨가해도 좋다.

"

How to make 충전물용 감자

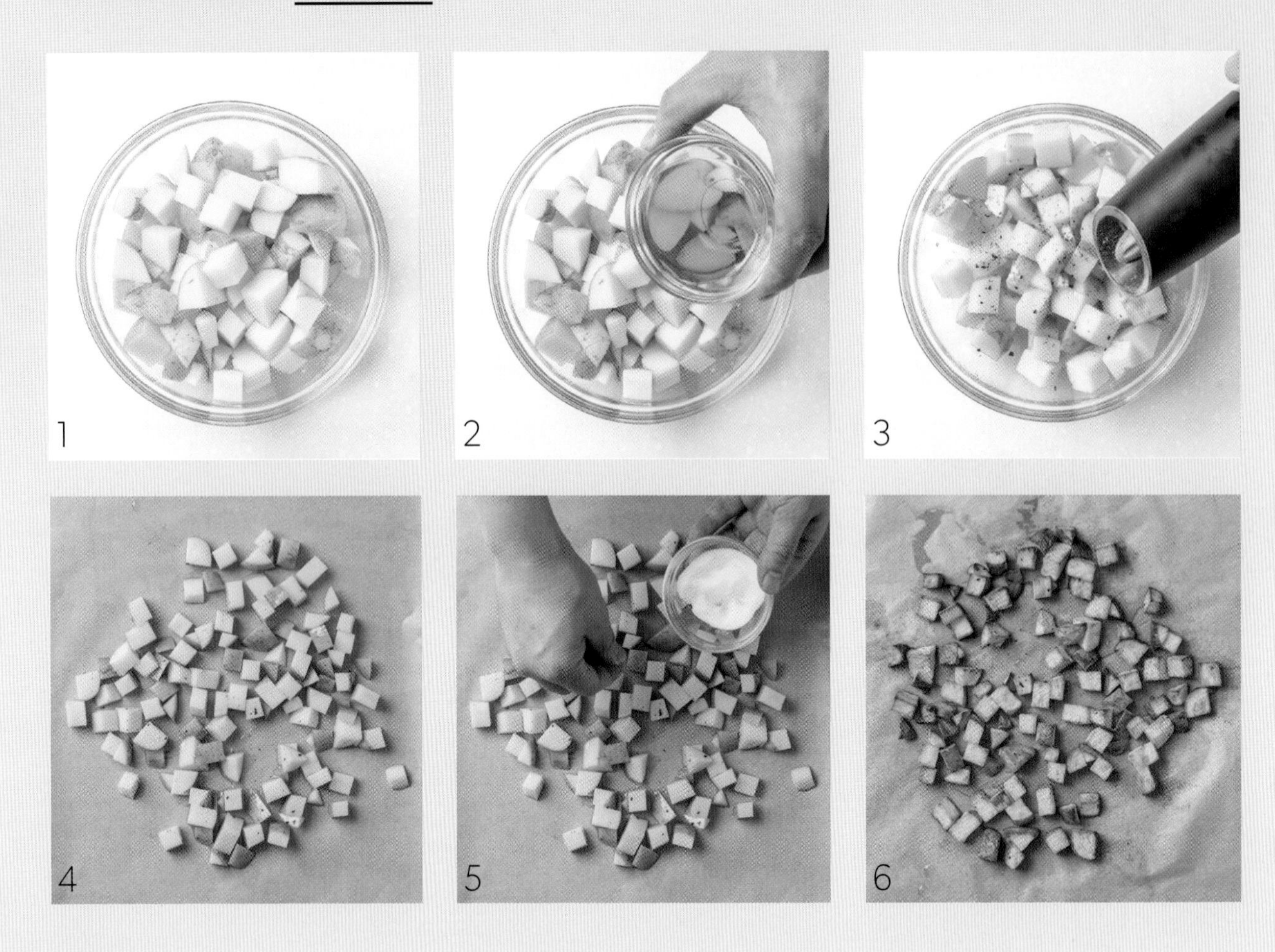

❶ 감자는 깨끗이 씻어 물기를 제거한 후 사방 1cm 크기로 깍뚝썬다.

POINT 감자의 껍질까지 살려 사용한다.

❷ 올리브오일을 넣고 골고루 버무린다.

❸ 후추를 넣고 골고루 버무린다.

❹ 유산지를 깐 철판에 팬닝한다.

❺ 소금을 뿌려 간을 맞춘다.

❻ 220°C로 예열된 오븐에서 약 7분간 구운 후 식혀 사용한다.

POINT 감자는 소금물에 삶아도 좋지만 오븐에 구우면 더 고소하고 바삭한 식감을 낼 수 있다. 또한 오븐에서는 대량 생산도 가능하므로 현장에서도 작업하기에 더 편리하다.

FOCA

CCIA

PART 7

오토리즈 제법과 비가를 이용한 포카치아

01

QUICK PRODUCTION CLASSIC FOCACCIA

당일 생산 클래식 포카치아

이 책에서는 저온 발효를 중점적으로 다루고 있지만 때로는 즉석으로, 당일에 생산을 해야 하는 경우도 있을 것이다. 이번에는 장시간 발효해 완성하는 포카치아가 아닌, 당일에 생산할 수 있는 레시피를 설명한다. 당일 생산 공정으로 만든 포카치아는 장시간 저온에서 발효해 만든 포카치아에 비해 풍미는 떨어지지만, 좀 더 가볍고 폭신한 식감으로 완성되므로 그 나름의 특징을 잘 살려도 좋을 것이다. 저온 발효 공정의 레시피를 당일 생산 레시피로 변경하고자 할 때도 이 레시피를 참고하여 만들어보면 좋은 연습이 될 것이다.

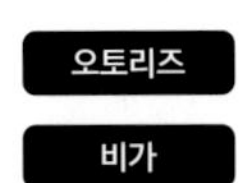

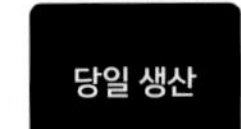

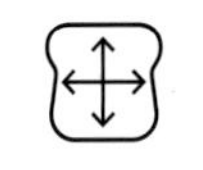

33.5×36.5×5cm
철판 2개

DECK
250°C / 210°C
15분

CONVECTION
250°C → 210°C
15분

Process

- 비가 반죽 준비
- 오토리즈 반죽 준비
- → 본반죽 믹싱 (최종 반죽 온도 23~25℃)
- → 1차 발효 ① (27℃ - 75% - 30분)
- → 폴딩
- → 1차 발효 ② (27℃ - 75% - 90분)
- → 팬닝
- → 성형
- → 벤치타임 (27℃ - 75% - 30분)
- → 2차 발효 (28℃ - 75% - 30분)
- → 토핑
- → 굽기

Ingredients

오토리즈 반죽 ● (76p 참고)	강력분 (코끼리)	800g
	박력분 (큐원)	200g
	물	700g
	TOTAL	**1700g**
비가 반죽 ● (108p 참고)	강력분 (코끼리)	1000g
	이스트 (saf 세미 드라이 이스트 레드)	3g
	물	550g
	소금	15g
	TOTAL	**1568g**
본반죽	오토리즈 반죽 ●	전량
	비가 반죽 ●	300g
	몰트엑기스 (마루비시)	5g
	물 (30℃)	15g
	이스트 (saf 세미 드라이 이스트 레드)	3g
	소금	19g
	조정수	140g
	올리브오일	70g
	TOTAL	**2252g**
토핑	그라나파다노 분말 적당량	

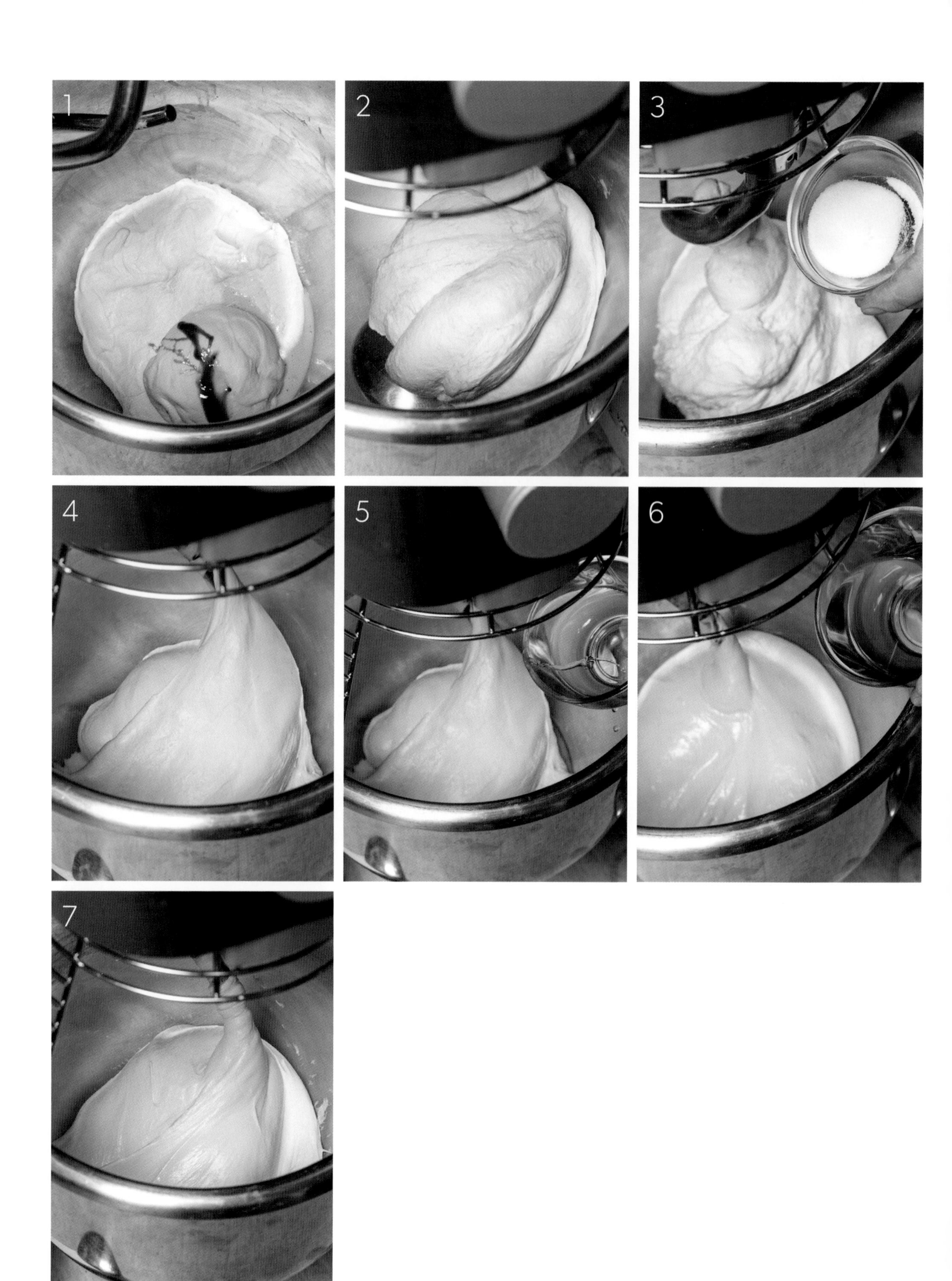
1
2
3
4
5
6
7

How to make

본반죽

❶ 믹싱볼에 오토리즈 반죽, 비가 반죽, 몰트엑기스, 물, 이스트를 넣는다.

POINT 이스트는 30~35℃에서 가장 활발하게 활동한다. 얼음물이나 뜨거운 물을 사용할 경우 이스트의 일부가 사멸할 수 있으므로, 이스트를 풀어주는 물의 온도를 잘 맞춰주는 것이 중요하다.

❷ 저속(약 3분) - 중속(약 1분)간 믹싱한다.

❸ 반죽에 물기가 보이지 않고 어느 정도의 탄력이 생기면 소금을 넣는다.

❹ 저속(약 1분) - 중속(약 1분)간 믹싱한다.

❺ 반죽이 볼 바닥에서 떨어지는 상태가 되면 조정수 140g을 3~4분간 천천히 흘려가며 믹싱한다.

POINT ◍ 조정수는 한 번에 다 넣기보다는 일부를 남겨두고 반죽의 되기를 확인하며 추가한다. 조정수는 밀가루 1,000g 기준 1회에 20g 이상을 사용하지 않도록 한다. 따라서 140g의 조정수는 최소 7회로 나눠가며 반죽에서 서서히 수화시켜주는 것이 중요하다.

◍ 사용하는 밀가루나 작업 환경이 바뀔 경우 사용하는 조정수의 양도 늘어나거나 줄어들 수 있으므로, 항상 반죽의 상태를 확인하며 조정수의 양을 조절한다.

❻ 조정수가 반죽에 모두 흡수되면 올리브오일을 약 3분간 천천히 흘려가며 믹싱한다.

POINT 올리브오일은 믹싱볼 벽면에 조금씩 흘려가면서 천천히 넣어준다. 올리브오일이 반죽에 모두 흡수되면 믹싱을 마무리한다.

❼ 최종 반죽 온도는 23~25℃가 이상적이며 반죽은 매끄럽고 윤기가 흐르는 상태다.

POINT 최종 반죽의 온도가 낮거나 높은 경우 발효 시간은 늘어나거나 줄어들 수 있다. 그렇기 때문에 반죽이 끝나고 최종 온도 체크를 하는 것은 저온 발효 후 정상적인 제품을 생산하기 위한 아주 중요한 공정이다.

8
9
10

How to make

❽ 브레드박스 안쪽에 올리브오일을 바른다.

POINT 여기에서는 26.5×32.5×10cm 크기의 브레드박스를 사용했다.

❾ 올리브오일을 바른 브레드 박스 2개에 반죽을 나눠 옮긴 후 27℃-75% 발효실에서 약 30분간 1차 발효한다.

❿ 반죽을 상하좌우로 4번 폴딩한다.

⓫ 27℃-75% 발효실에서 약 90분간 추가 발효한다.

⓬ 올리브오일을 바른 철판으로 반죽을 옮긴다.

POINT 여기에서는 33.5×36.5×5cm 크기의 철판 2개를 사용했다.

⓭ 반죽 윗면에 올리브오일을 뿌린 후 골고루 펴 바른다.

⓮ 손가락으로 반죽을 자연스럽게 늘리며 철판 전체에 고르게 펼친 후 27℃-75% 발효실에서 약 30분간 벤치타임을 준다.

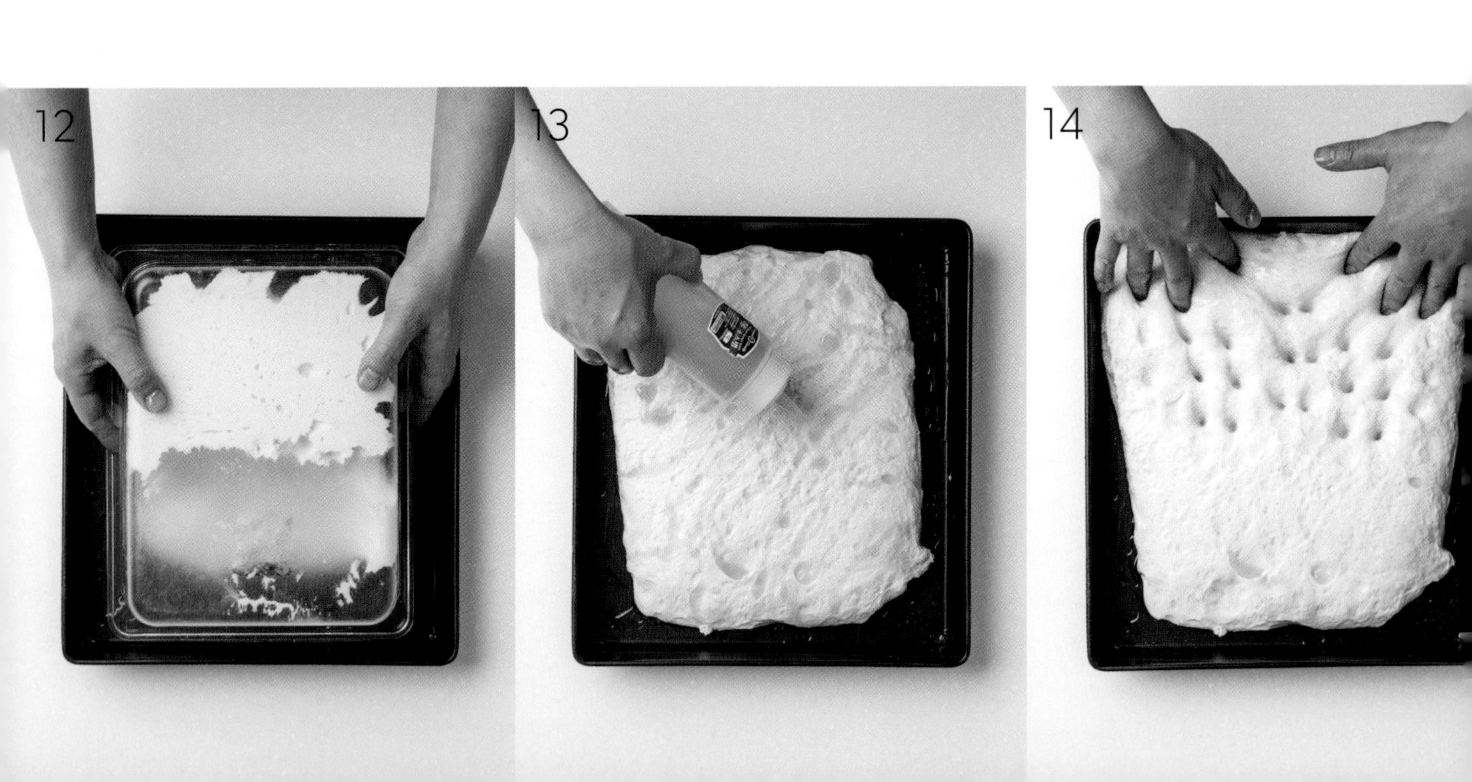
12
13
14

11

⑮ 철판에 맞춰 다시 손가락으로 반죽을 자연스럽게 늘려준 후 28℃-75% 발효실에서 약 30분간 2차 발효한다.

⑯ 그라노파다노 분말을 뿌린다.

POINT 사용하는 토핑에 따라 다양한 맛으로 완성할 수 있다. 치즈를 뿌리지 않고 소금물을 사용(반죽을 철판에 맞춰 늘릴 때 손에 소금물을 묻혀 작업)하면 담백한 포카치아를 만들 수 있고, 작게 잘린 슈레드 형태의 치즈(슈레드 파르메산, 슈레드 에멘탈 등)를 토핑하면 치즈의 고소함과 짭조름한 맛이 느껴지는 바삭한 포카치아를 만들 수 있다.

⑰ 데크 오븐 기준 윗불 250℃-아랫불 210℃에 넣고 스팀을 약 3~4초간 주입한 후 15분간 굽는다.

POINT ◍ 컨벡션 오븐의 경우 250℃로 예열된 오븐에 넣고 스팀을 3회(총 4초) 주입한 후 210℃로 낮춰 15분간 굽는다.

◍ 우녹스 오븐처럼 스팀을 주는 기능이 %로 되어 있는 경우 반죽을 넣기 전 80%로 설정하고, 습기가 차면 반죽을 넣고 볼륨이 올라오는 시점에서 스팀을 0%로 조정한다.

◍ 구워져 나온 포카치아 표면에 올리브오일을 바른다.

16

17

application

타원형으로 만드는
클래식 포카치아

포카치아 반죽
타원형으로 성형하기

1. 1차 발효를 마친 당일 생산 클래식 포카치아 반죽을 작업대에 올린다.
   - **반죽 표면과 작업대에 덧가루를 뿌린 후 반죽을 올린다.**
2. 반죽을 250g으로 분할한다.
3. 반죽을 타원형으로 만든다.
4. 덧가루를 뿌린 철판에 팬닝한 후 27°C-75% 발효실에서 약 70~90분 추가 발효한다.
5. 덧가루를 뿌린 작업대에 반죽을 올린다.
   - **덧가루는 강력분과 세몰리나를 1:1로 섞어 사용하면 작업하기에 더 좋다.**
6. 손가락으로 자연스럽게 반죽을 늘린다.
7. 반죽을 들어올려 덧가루를 가볍게 털어낸다.
8. 테프론시트를 깐 나무판에 팬닝한다.
9. 올리브오일을 바른다.
10. 그라나파다노 분말을 뿌리고 로즈마리를 올린 후 바로 굽는다.
    - **좀 더 가벼운 식감을 원하는 경우 27℃-75% 발효실에서 30분간 발효한 후 굽는다.**
    - **데크 오븐의 경우 윗불 250℃-아랫불 210℃에 넣고 스팀을 약 3~4초간 주입한 후 6~7분간 굽는다.**
    - **컨벡션 오븐의 경우 250℃로 예열된 오븐에 넣고 스팀을 3회(총 4초) 주입한 후 210℃로 낮춰 6~7분간 굽는다.**
    - **우녹스 오븐처럼 스팀을 주는 기능이 %로 되어 있는 경우 반죽을 넣기 전 80%로 설정하고, 습기가 차면 반죽을 넣고 볼륨이 올라오는 시점에서 스팀을 0%로 조정한다.**
    - **구워져 나온 포카치아 표면에 올리브오일을 바른다.**

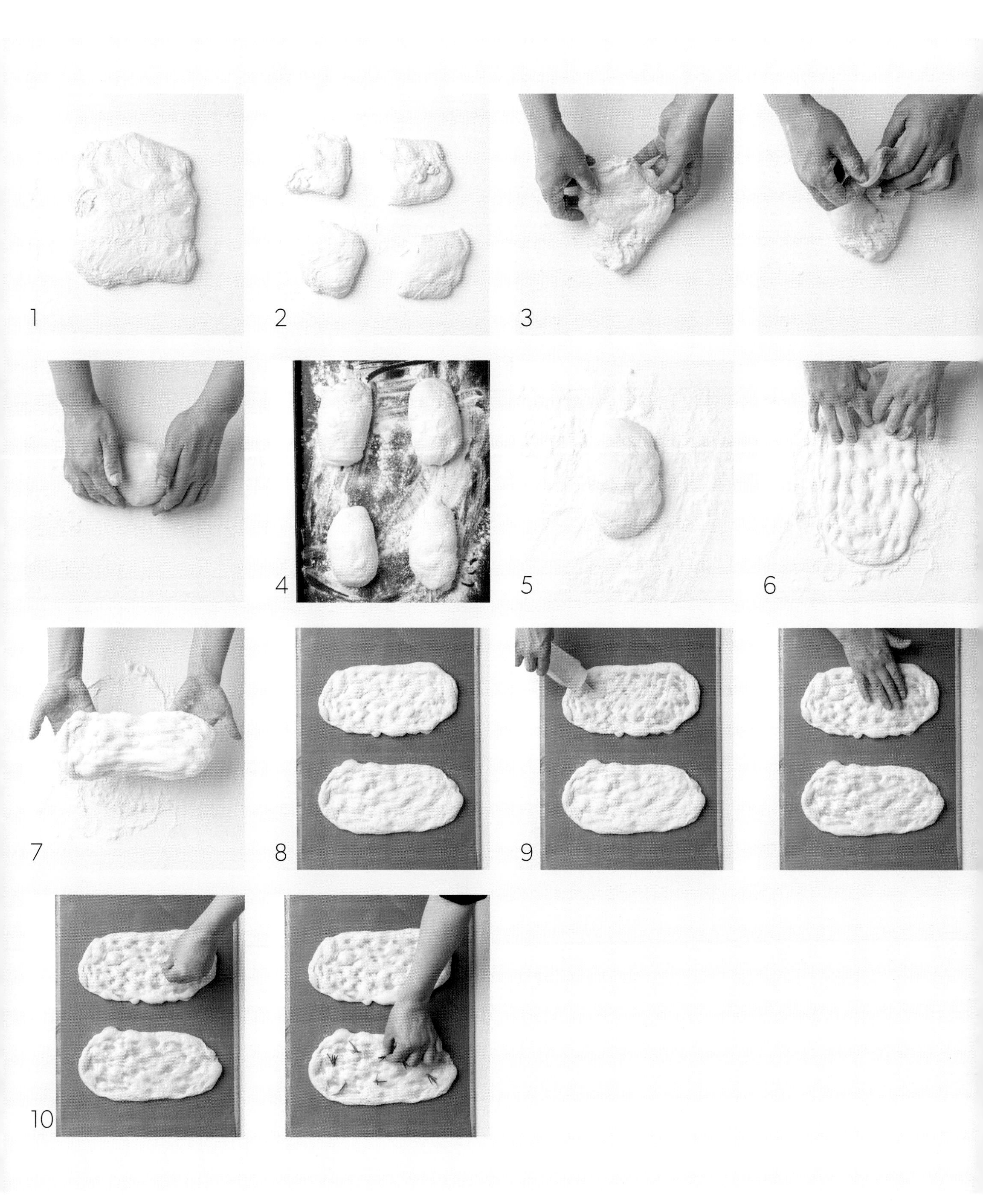
1
2
3
4
5
6
7
8
9
10

02

LOW-TEMPERATURE FERMENATION FOCACCIA

COMPARED AT TWO TEMPERATURE

두 가지 온도로 비교해보는 저온 발효 포카치아

저온 발효에 있어 '발효의 온도'는 반죽에 영향을 주는 가장 중요한 요소이다. 여기에서는 저온 발효의 온도를 4℃와 8℃ 두 가지로 만들어 비교해보았다. 4℃라는 온도는 일반적인 냉장 온도이므로 도우 컨디셔너가 없는 매장이나 일반 가정에서도 쉽게 적용할 수 있는 저온 발효 방법이다. 8℃라는 온도는 이스트가 완전히 활동을 멈춘 상태가 아니라 서서히 활동을 하는 상태이므로 발효를 하는 15시간 동안 쉬지 않고 서서히 활동해 4℃(이스트가 거의 활동을 하지 않는 온도)에서 발효하는 것에 비해 더 많은 미생물을 만들어내고, 이로 인해 빵의 풍미는 더 향상된다.

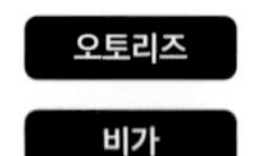

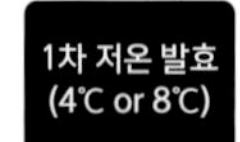

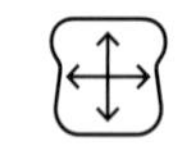

33.5×36.5×5cm
철판 2개

DECK
240°C / 240°C
15분

CONVECTION
250°C → 210°C
15분

Ingredients

오토리즈 반죽 ●
(76p 참고)

포카치아 밀가루 (far focaccia) MOLINO DALLA GIOVANNA	800g
강력분 (코끼리)	200g
물	700g
TOTAL	**1700g**

비가 반죽 ●
(108p 참고)

강력분 (코끼리)	1000g
이스트 (saf 세미 드라이 이스트 레드)	3g
물	550g
소금	15g
TOTAL	**1568g**

본반죽

오토리즈 반죽 ●	전량
비가 반죽 ●	300g
몰트엑기스 (마루비시)	5g
물 (30℃)	15g
이스트 (saf 세미 드라이 이스트 레드)	3g
소금	19g
조정수	140g
올리브오일	70g
TOTAL	**2252g**

토핑

로즈마리, 그라나파다노 분말 적당량

4℃ 저온 발효

Process

비가 반죽 준비
오토리즈 반죽 준비
→ 본반죽 믹싱 (최종 반죽 온도 23~25℃)
→ 1차 발효 (27℃ - 75% - **40분**)
→ 폴딩
→ 1차 저온 발효 (**4℃** - 12~15시간)
→ 16℃로 온도 회복
→ 팬닝
→ 성형 (최종 반죽 온도 27℃)
→ 벤치타임 (27℃ - 75% - 30분)
→ 2차 발효 (28℃ - 75% - 50분)
→ 토핑
→ 굽기

8℃ 저온 발효

Process

비가 반죽 준비
오토리즈 반죽 준비
→ 본반죽 믹싱 (최종 반죽 온도 23~25℃)
→ 1차 발효 (27℃ - 75% - **20분**)
→ 폴딩
→ 1차 저온 발효 (**8℃** - 12~15시간)
→ 16℃로 온도 회복
→ 팬닝
→ 성형 (최종 반죽 온도 27℃)
→ 벤치타임 (27℃ - 75% - 30분)
→ 2차 발효 (28℃ - 75% - 50분)
→ 토핑
→ 굽기

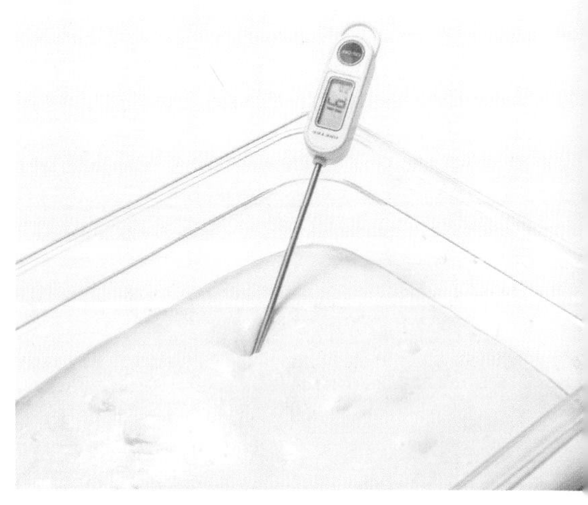

저온 발효 이후의 공정은 동일하다.
반죽의 온도를 16℃로 회복시킨 후 작업한다.

- 저온 발효에 들어가기 전 실온(25~27℃)에서 반죽을 얼마나 발효시키는지에 따라 반죽의 상태는 달라진다.
- 아래는 온도 27℃, 습도 75% 조건에서 각각 40분, 20분간 발효를 하고 동일하게 폴딩한 후 8℃에서 15시간 저온 발효를 한 반죽의 상태이다. 즉, 동일한 조건이라도 실온 발효를 하는 시간에 따라 반죽의 발효 상태가 달라진다는 것을 꼭 기억하고 이에 따라 계획을 세우는 것이 중요하다.

27℃-75% **40분 발효** → 폴딩 →
8℃-15시간 저온 발효 후 상태

27℃-75% **20분 발효** → 폴딩 →
8℃-15시간 저온 발효 후 상태

- 위의 **Process**에서 1차 저온 발효의 온도가 4℃, 8℃로 차이가 있는 만큼 실온 발효의 시간도 40분, 20분으로 각각 달라지는 것도 같은 맥락으로 이해할 수 있다.

1
2
3
4
5
6
7
8

How to make

본반죽

❶ 믹싱볼에 오토리즈 반죽, 비가 반죽, 몰트엑기스를 넣는다.

❷ 30℃의 물에 이스트를 잘 풀어 **1**에 넣는다.

POINT 이스트는 30~35℃에서 가장 활발하게 활동한다. 얼음물이나 뜨거운 물을 사용할 경우 이스트의 일부가 사멸할 수 있으므로, 이스트를 풀어주는 물의 온도를 잘 맞춰주는 것이 중요하다.

❸ 저속(약 3분) - 중속(약 1분)간 믹싱한다.

❹ 반죽에 물기가 보이지 않고 어느 정도의 탄력이 생기면 소금을 넣는다.

❺ 저속(약 1분) - 중속(약 1분)간 믹싱한다.

❻ 반죽이 볼 바닥에서 떨어지는 상태가 되면 조정수 140g을 3~4분간 천천히 흘려가며 믹싱한다.

POINT ◉ 조정수는 한 번에 다 넣기보다는 일부를 남겨두고 반죽의 되기를 확인하며 추가한다. 조정수는 밀가루 1,000g 기준 1회에 20g 이상을 사용하지 않도록 한다. 따라서 140g의 조정수는 최소 7회로 나눠가며 반죽에서 서서히 수화시켜주는 것이 중요하다.

◉ 사용하는 밀가루나 작업 환경이 바뀔 경우 사용하는 조정수의 양도 늘어나거나 줄어들 수 있으므로, 항상 반죽의 상태를 확인하며 조정수의 양을 조절한다.

❼ 조정수가 반죽에 모두 흡수되면 올리브오일을 약 3분간 천천히 흘려가며 믹싱한다.

POINT 올리브오일은 믹싱볼 벽면에 조금씩 흘려가면서 천천히 넣어준다. 올리브오일이 반죽에 모두 흡수되면 믹싱을 마무리한다.

❽ 최종 반죽 온도는 23~25℃가 이상적이며 반죽은 매끄럽고 윤기가 흐르는 상태다.

POINT 최종 반죽의 온도가 낮거나 높은 경우 발효 시간은 늘어나거나 줄어들 수 있다. 그렇기 때문에 반죽이 끝나고 최종 온도 체크를 하는 것은 저온 발효 후 정상적인 제품을 생산하기 위한 아주 중요한 공정이다.

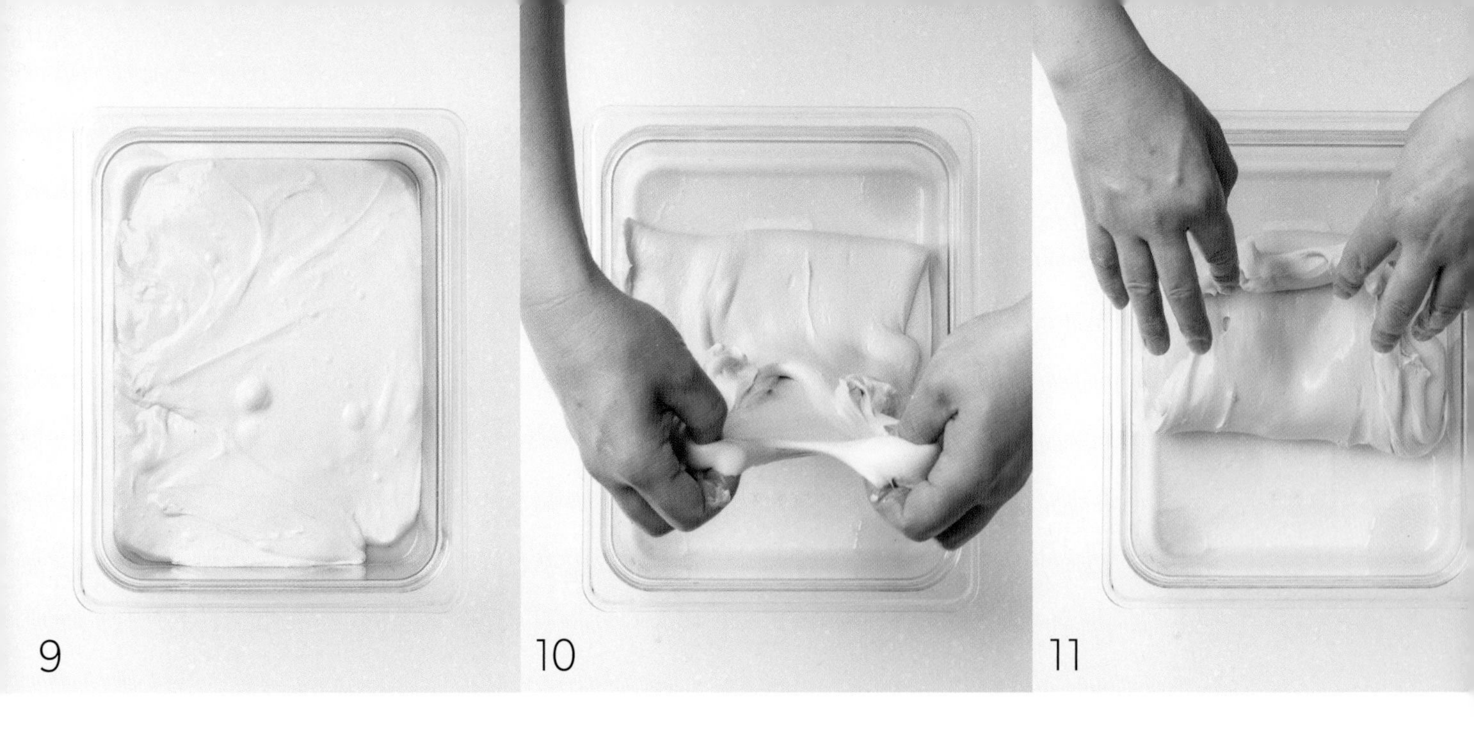

How to make

(8℃ 1차 저온 발효 기준)

❾ 올리브오일을 바른 브레드 박스 2개에 반죽을 나눠 옮긴 후 27℃-75% 발효실에서 약 20분간 1차 발효한다.

POINT 여기에서는 26.5×32.5×10cm 크기의 브레드박스를 사용했다.

❿ 반죽을 상하좌우로 4번 폴딩한다.

⓫ 8℃의 냉장고에서 12~15시간 저온 발효한다.

⓬ 반죽을 실온에 두고 16℃로 온도가 회복되면 올리브오일을 바른 철판으로 옮긴다.

POINT ● 여기에서는 33.5×36.5×5cm 크기의 철판 2개를 사용했다.

● 반죽의 온도가 16℃가 되면 작업이 가능하며, 20℃까지는 포카치아를 정상적으로 만드는 데 지장이 없다.

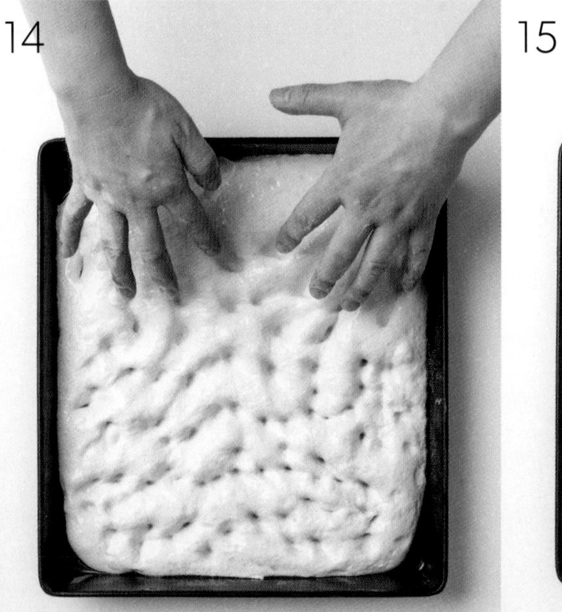

12

⓭ 반죽 윗면에 올리브오일을 뿌린 후 골고루 펴 바른다.

⓮ 손가락으로 반죽을 자연스럽게 늘리며 철판 전체에 고르게 펼친 후 27℃-75% 발효실에서 약 30분간 벤치타임을 준다.

⓯ 철판에 맞춰 다시 손가락으로 반죽을 자연스럽게 늘려준 후 28℃-75% 발효실에서 약 50분간 2차 발효한다.

⓰ 로즈마리를 올린다.

⓱ 그라나파다노 분말을 뿌린다.

⓲ 데크 오븐 기준 윗불 240℃-아랫불 240℃에 넣고 스팀을 약 3~4초간 주입한 후 15분간 굽는다.

POINT ◎ 컨벡션 오븐의 경우 250℃로 예열된 오븐에 넣고 스팀을 3회(총 4초) 주입한 후 210℃로 낮춰 15분간 굽는다.

◎ 우녹스 오븐처럼 스팀을 주는 기능이 %로 되어 있는 경우 반죽을 넣기 전 80%로 설정하고, 습기가 차면 반죽을 넣고 볼륨이 올라오는 시점에서 스팀을 0%로 조정한다.

◎ 구워져 나온 포카치아 표면에 올리브오일을 바른다.

17

18

application

철판에 팬닝해 발효하는 포카치아

철판에 팬닝한 후 저온에서 발효하는 방법은 브레드박스를 사용하지 않고 철판을 그대로 사용하기 때문에 작업성이 좋다. 반면, 높은 브레드박스에서 발효를 하는 방식의 포카치아는 발효 과정에서 더 강한 탄력을 얻을 수 있는 장점이 있다. 그렇기 때문에 두 가지 방법의 최종적인 볼륨은 다소 차이가 있을 수 있으나, 완성도에 관해서는 두 가지 방법 모두 부족함이 없으므로 작업 환경에 따라 선택하면 된다.

1. 1차 발효를 마친 반죽을 상하좌우로 폴딩한 후, 올리브오일을 바른 철판으로 옮긴다.
2. 8°C의 냉장고에서 12~15시간 저온 발효한다.
3. 반죽을 실온에 두고 16°C로 온도가 회복되면 손가락으로 반죽을 자연스럽게 늘리며 철판 전체에 고르게 펼친 후 27°C-75% 발효실에서 약 30분간 벤치타임을 준다.
   - 반죽의 온도가 16℃가 되면 작업이 가능하며, 20℃까지는 포카치아를 정상적으로 만드는 데 지장이 없다.
4. 철판에 맞춰 다시 손가락으로 반죽을 자연스럽게 늘려준 후 28°C-75% 발효실에서 약 50분간 2차 발효한 후 굽는다.
   - 취향에 따라 로즈마리, 그라나파다노 분말을 뿌린다.
   - 구워져 나온 포카치아 표면에 올리브오일을 바른다.

03

SEMOLINA FOCACCIA

세몰리나 포카치아

세몰리나를 넣어 만든 포카치아는 일반 밀가루에서 느낄 수 없는 특별한 고소함과 바삭한 식감이 특징이다. 파르메산 슈레드를 뿌리고 건조 로즈마리와 크러쉬드 페퍼를 토핑으로 올려 고소한 도우에 허브의 향긋함과 기분 좋은 매콤함을 주었다. 와인과 함께 먹어도 잘 어울리는 포카치아다.

오토리즈
비가

1차
저온 발효
(8℃)

300g
약 7개

DECK
270°C / 250°C
8분

CONVECTION
250°C
6분

Process

- 비가 반죽 준비
- 오토리즈 반죽 준비
- → 본반죽 믹싱 (최종 반죽 온도 23~25℃)
- → 1차 발효 (25℃ - 75% - 40분)
- → 폴딩
- → 1차 저온 발효 (8℃ - 12~15시간)
- → 16℃로 온도 회복
- → 분할 (300g)
- → 벤치타임 (28℃ - 75% - 60분)
- → 성형
- → 토핑
- → 굽기

Ingredients

오토리즈 반죽 ●
(76p 참고)

강력분 (코끼리)	500g
포카치아 밀가루 (far focaccia) MOLINO DALLA GIOVANNA	300g
세몰리나 (CAPUTO)	200g
물	780g
TOTAL	**1780g**

비가 반죽 ●
(108p 참고)

강력분 (코끼리)	1000g
이스트 (saf 세미 드라이 이스트 레드)	3g
물	550g
소금	15g
TOTAL	**1568g**

본반죽

오토리즈 반죽 ●	전량
비가 반죽 ●	300g
몰트엑기스 (마루비시)	10g
물 (30℃)	15g
이스트 (saf 세미 드라이 이스트 레드)	3g
소금	19g
조정수	150g
올리브오일	80g
TOTAL	**2357g**

토핑

슈레드 파르메산, 건조 로즈마리, 크러쉬드 레드페퍼 적당량

SEMOLINA FOCACCIA

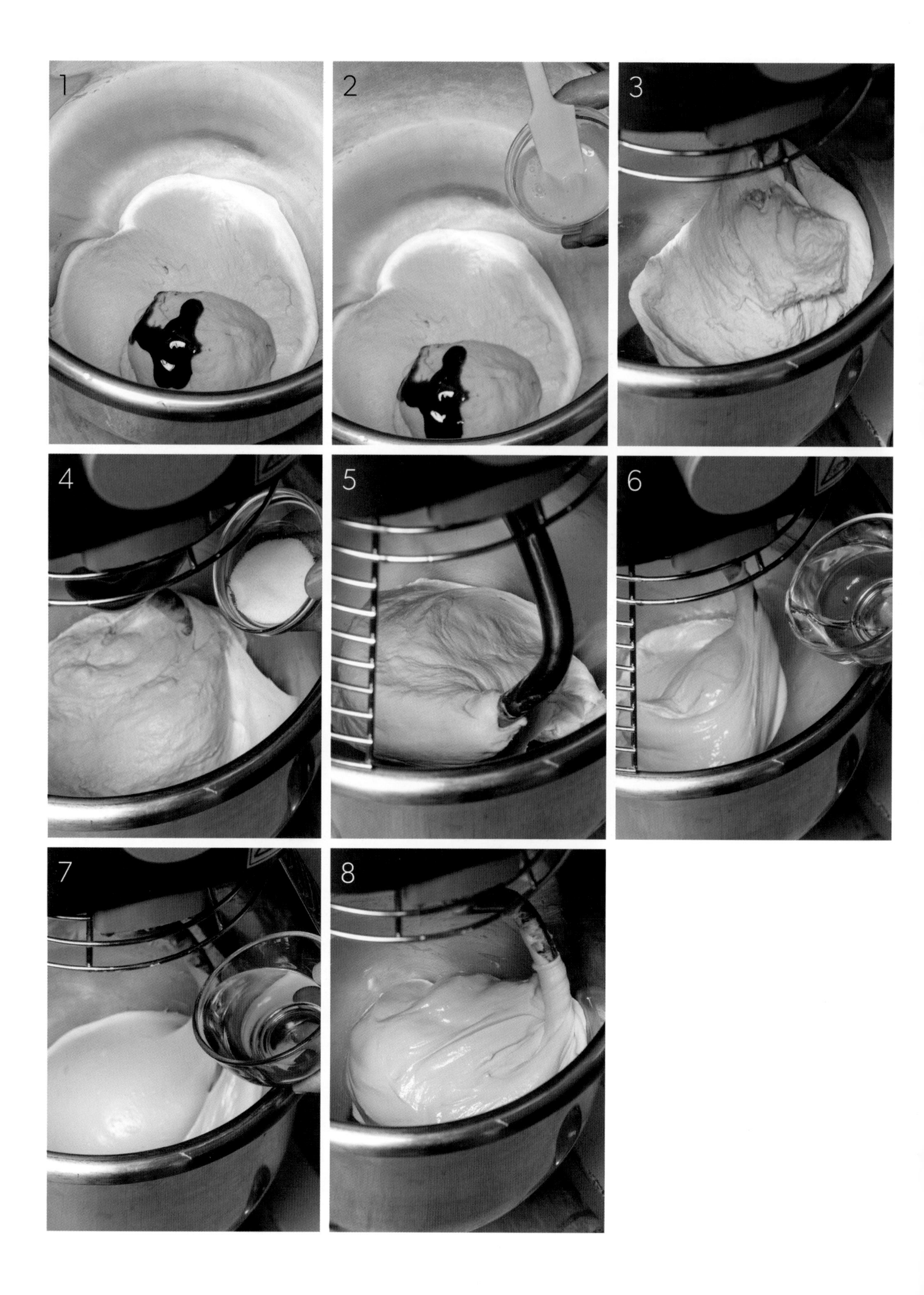
1
2
3
4
5
6
7
8

How to make

본반죽

❶ 믹싱볼에 오토리즈 반죽, 비가 반죽, 몰트엑기스를 넣는다.

❷ 30℃의 물에 이스트를 잘 풀어 **1**에 넣는다.

POINT 이스트는 30~35℃에서 가장 활발하게 활동한다. 얼음물이나 뜨거운 물을 사용할 경우 이스트의 일부가 사멸할 수 있으므로, 이스트를 풀어주는 물의 온도를 잘 맞춰주는 것이 중요하다.

❸ 저속(약 3분) - 중속(약 1분)간 믹싱한다.

❹ 반죽에 물기가 보이지 않고 어느 정도의 탄력이 생기면 소금을 넣는다.

❺ 저속(약 1분) - 중속(약 1분)간 믹싱한다.

❻ 반죽이 볼 바닥에서 떨어지는 상태가 되면 조정수 150g을 3~4분간 천천히 흘려가며 믹싱한다.

POINT ◎ 조정수는 한 번에 다 넣기보다는 일부를 남겨두고 반죽의 되기를 확인하며 추가한다. 조정수는 밀가루 1,000g 기준 1회에 20g 이상을 사용하지 않도록 한다. 따라서 150g의 조정수는 최소 8회로 나눠가며 반죽에서 서서히 수화시켜주는 것이 중요하다.

◎ 사용하는 밀가루나 작업 환경이 바뀔 경우 사용하는 조정수의 양도 늘어나거나 줄어들 수 있으므로, 항상 반죽의 상태를 확인하며 조정수의 양을 조절한다.

❼ 조정수가 반죽에 모두 흡수되면 올리브오일을 약 3분간 천천히 흘려가며 믹싱한다.

POINT 올리브오일은 믹싱볼 벽면에 조금씩 흘려가면서 천천히 넣어준다. 올리브오일이 반죽에 모두 흡수되면 믹싱을 마무리한다.

❽ 최종 반죽 온도는 23~25℃가 이상적이며 반죽은 매끄럽고 윤기가 흐르는 상태다.

POINT 최종 반죽의 온도가 낮거나 높은 경우 발효 시간은 늘어나거나 줄어들 수 있다. 그렇기 때문에 반죽이 끝나고 최종 온도 체크를 하는 것은 저온 발효 후 정상적인 제품을 생산하기 위한 아주 중요한 공정이다.

How to make

❾ 올리브오일을 바른 브레드박스로 반죽을 옮긴 후 25℃-75% 발효실에서 약 40분간 1차 발효한다.

POINT 여기에서는 32.5×35.3×10cm 크기의 브레드박스를 사용했다.

❿ 반죽을 상하좌우로 4번 폴딩한다.

⓫ 8℃의 냉장고에서 12~15시간 저온 발효한다.

⓬ 반죽을 실온에 두고 16℃로 온도가 회복되면 작업대에 반죽을 옮긴다.

POINT 이때 반죽이 달라붙지 않도록 반죽 윗면과 작업대에 덧가루를 뿌린 후 반죽을 옮긴다. 반죽의 온도가 16℃가 되면 작업이 가능하며, 20℃까지는 포카치아를 정상적으로 만드는 데 지장이 없다.

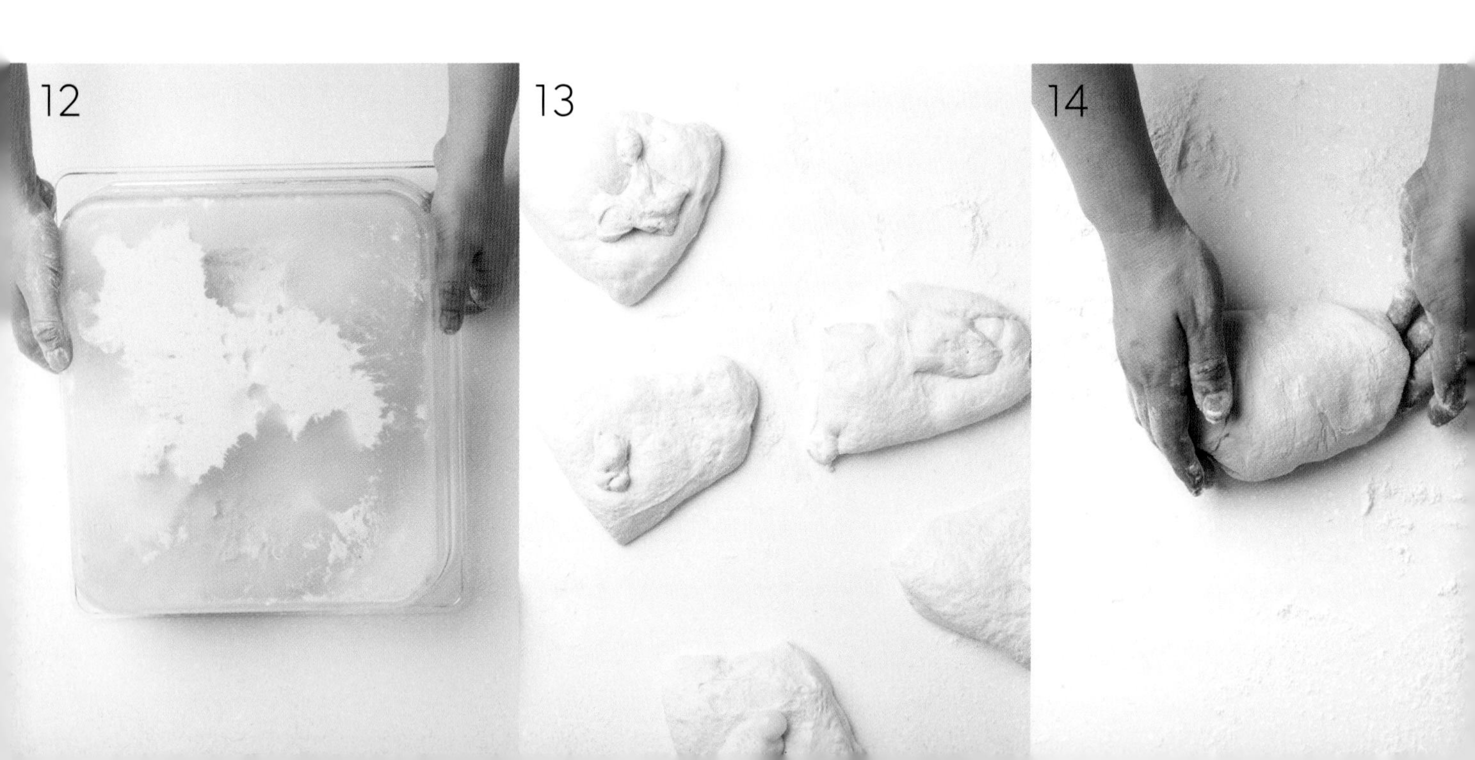

11

⓭ 반죽을 300g으로 분할한다.

⓮ 반죽을 타원형으로 만들어준다.

⓯ 반죽을 철판에 옮긴다.

POINT 반죽을 철판에 옮길 때 반죽이 철판에 붙으므로 세몰리나와 강력분을 반씩 섞어 철판에 여유 있게 뿌리면 작업하기 수월하다.

⓰ 28℃-75% 발효실에서 약 60분간 벤치타임을 준다.

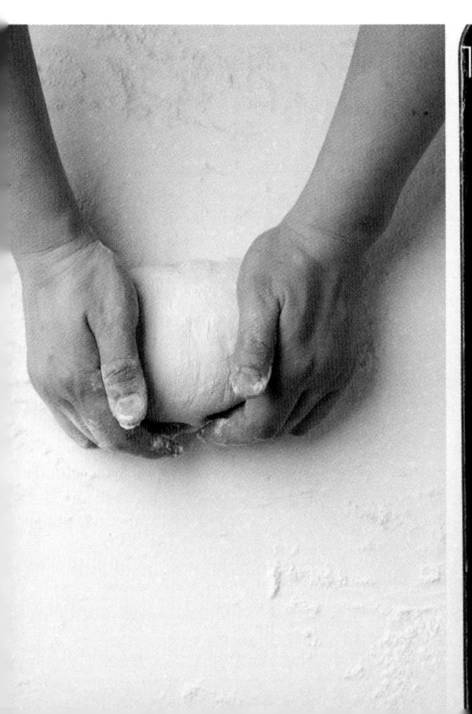

15

16

⑰ 세몰리나를 뿌린 작업대 위에 반죽을 올린다.

⑱ 손가락으로 자연스럽게 반죽을 타원형으로 늘린다.

⑲ 반죽에 묻은 세몰리나를 가볍게 털어낸다.

⑳ 테프론시트를 깐 나무판 위에 반죽을 올린다.

㉑ 올리브오일을 뿌린다.

㉒ 슈레드 파르메산을 뿌린다.

POINT 슈레드 에멘탈을 사용해도 좋다.

포카치아 반죽
타원형으로 성형하기

㉓ 건조 로즈마리를 뿌린다.

㉔ 크러쉬드 레드페퍼를 뿌린 후 바로 굽는다.

POINT ◍ 성형하는 동안 반죽의 가스가 너무 많이 빠졌다면 실온에서 20분간 발효한 후 굽는다.

◍ 2차 발효는 작업자의 취향에 따라 조금 더 발효해 가벼운 포카치아로 완성하거나, 발효 없이 바로 구워 쫀득한 포카치아로 완성할 수도 있다.

◍ 크러쉬드 레드페퍼는 취향에 따라 생략해도 좋다.

㉕ 데크 오븐 기준 윗불 270℃ - 아랫불 250℃에 넣고 8분간 굽는다.

POINT ◍ 컨벡션 오븐의 경우 오븐에 스톤을 넣고 250℃로 예열한 후 예열된 스톤 위에 반죽을 올려 6분간 굽는다.

◍ 구워져 나온 포카치아 표면에 올리브오일을 바른다.

04

ONION & OLIVE FOCACCIA

양파 & 올리브 포카치아

프랑스 밀가루와 국내산 강력분으로 블렌딩해 만든 오토리즈를 활용한 포카치아다. 이탈리아의 밀가루에서 느껴지는 포카치아와는 또다른 부드러움을 느낄 수 있다. 회분 함량이 높은 프랑스 밀가루를 사용해 구수한 맛이 나며, 부드러운 식감을 가지는 것이 특징이다. 마리네이드한 구운 양파와 짭조름한 블랙 & 그린 올리브를 넣어 맛있는 조리빵을 먹는 듯한 기분을 느낄 수 있다.

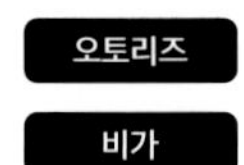

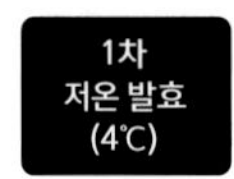

10×15cm
10개

DECK
260°C / 220°C
10분

CONVECTION
250°C → 210°C
10분

Process

비가 반죽 준비

오토리즈 반죽 준비

→ 본반죽 믹싱 (최종 반죽 온도 20~23℃)

→ 충전물 섞기

→ 1차 발효 (25℃ - 75% - 40분)

→ 폴딩

→ 1차 저온 발효 (4℃ - 12~15시간)

→ 16℃로 온도 회복

→ 분할 (10×15cm)

→ 성형

→ 토핑

→ 굽기

Ingredients

오토리즈 반죽 ● (76p 참고)

강력분 (코끼리)	500g
T65 밀가루 (지라도)	250g
물	560g
TOTAL	**1310g**

충전물

구운 양파 (230p 참고)	300g
블랙올리브	100g
그린올리브	80g

비가 반죽 ● (108p 참고)

강력분 (코끼리)	1000g
이스트 (saf 세미 드라이 이스트 레드)	3g
물	550g
소금	15g
TOTAL	**1568g**

본반죽

오토리즈 반죽 ●	전량
비가 반죽 ●	200g
몰트엑기스 (마루비시)	5g
물 (30℃)	15g
이스트 (saf 세미 드라이 이스트 레드)	3g
소금	14g
조정수	70g
올리브오일	70g
TOTAL	**1687g**

토핑

올리브오일, 블랙올리브, 그린올리브, 슬라이스한 양파, 그라노파다노 분말 적당량

ONION & OLIVE FOCACCIA

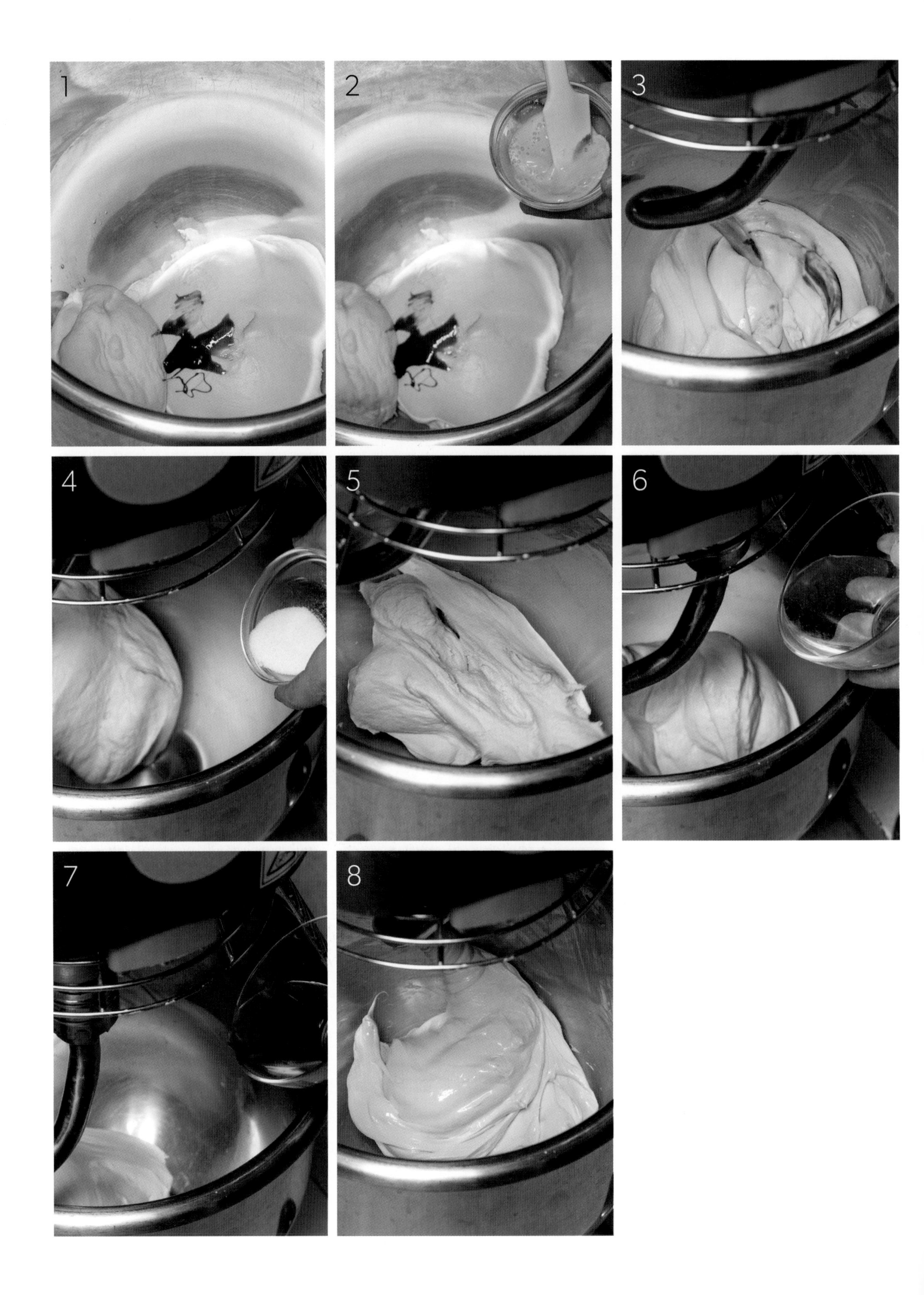
1
2
3
4
5
6
7
8

How to make

본반죽

❶ 믹싱볼에 오토리즈 반죽, 비가 반죽, 몰트엑기스를 넣는다.

❷ 30℃의 물에 이스트를 잘 풀어 **1**에 넣는다.

POINT 이스트는 30~35℃에서 가장 활발하게 활동한다. 얼음물이나 뜨거운 물을 사용할 경우 이스트의 일부가 사멸할 수 있으므로, 이스트를 풀어주는 물의 온도를 잘 맞춰주는 것이 중요하다.

❸ 저속(약 3분) - 중속(약 1분)간 믹싱한다.

❹ 반죽에 물기가 보이지 않고 어느 정도의 탄력이 생기면 소금을 넣는다.

❺ 저속(약 1분) - 중속(약 1분)간 믹싱한다.

❻ 반죽이 볼 바닥에서 떨어지는 상태가 되면 조정수 70g을 3~4분간 천천히 흘려가며 믹싱한다.

POINT ● 조정수는 한 번에 다 넣기보다는 일부를 남겨두고 반죽의 되기를 확인하며 추가한다. 조정수는 밀가루 1,000g 기준 1회에 20g 이상을 사용하지 않도록 한다. 따라서 70g의 조정수는 최소 4회로 나눠가며 반죽에서 서서히 수화시켜주는 것이 중요하다.

● 사용하는 밀가루나 작업 환경이 바뀔 경우 사용하는 조정수의 양도 늘어나거나 줄어들 수 있으므로, 항상 반죽의 상태를 확인하며 조정수의 양을 조절한다.

❼ 조정수가 반죽에 모두 흡수되면 올리브오일을 약 3분간 천천히 흘려가며 믹싱한다.

POINT 올리브오일은 믹싱볼 벽면에 조금씩 흘려가면서 천천히 넣어준다. 올리브오일이 반죽에 모두 흡수되면 믹싱을 마무리한다.

❽ 최종 반죽 온도는 20~23℃가 이상적이며 반죽은 매끄럽고 윤기가 흐르는 상태다.

POINT 최종 반죽의 온도가 낮거나 높은 경우 발효 시간은 늘어나거나 줄어들 수 있다. 그렇기 때문에 반죽이 끝나고 최종 온도 체크를 하는 것은 저온 발효 후 정상적인 제품을 생산하기 위한 아주 중요한 공정이다.

9 10 11

How to make

❾ 충전물을 준비한다.

POINT ◎ 양파는 500g을 준비해 사방 1.5cm 크기로 썰고 올리브오일 30g, 후추 1g, 고운소금 0.5g을 뿌리고 가볍게 버무려 220℃에서 8~10분간 구운 후 식혀 사용한다. 구워진 후의 최종 무게는 200g 정도이다. (만드는 방법은 230p를 참고한다.)

◎ 블랙올리브와 그린올리브는 물기를 제거한 후 적당한 크기로 슬라이스해 사용한다.

❿ 올리브오일을 바른 브레드박스에 반죽과 충전물을 넣는다.

POINT 여기에서는 32.5×35.3×10cm 크기의 브레드박스를 사용했다.

⓫ 반죽을 들었다 놨다 하면서 충전물이 반죽에 섞이도록 한다.

POINT 충전물에 따라 저속으로 믹싱하며 섞어주는 경우도 있지만, 부서지기 쉬운 충전물의 경우에는 믹싱볼 안에서 손으로 섞어주거나 브레드박스로 옮겨 스크래퍼를 이용해 섞어주는 것이 좋다.

⓬ 충전물이 어느 정도 섞이면 스크래퍼로 반죽을 자르고 쌓고 하면서 충전물이 반죽에 골고루 섞이도록 한다.

13

14

15

12

브레드박스 안에서
충전물 섞기

믹싱볼 안에서 충전물 섞기

⑬ 충전물이 골고루 섞이면 반죽을 정리한다.

POINT 충전물이 골고루 잘 섞이지 않을 경우 구워진 포카치아의 한 쪽이 낮거나 맛이 일정하지 않게 되므로 주의한다.

⑭ 올리브오일을 바른 브레드박스로 반죽을 옮긴 후 25℃-75% 발효실에서 약 40분간 1차 발효한다.

⑮ 반죽을 상하좌우로 4번 폴딩한다.

⑯ 4℃의 냉장고에서 12~15시간 저온 발효한다.

⑰ 반죽을 실온에 두고 16℃가 되면 작업대에 반죽을 옮긴다.

POINT 이때 반죽이 달라붙지 않도록 반죽 윗면과 작업대에 덧가루를 뿌린 후 반죽을 옮긴다.

17

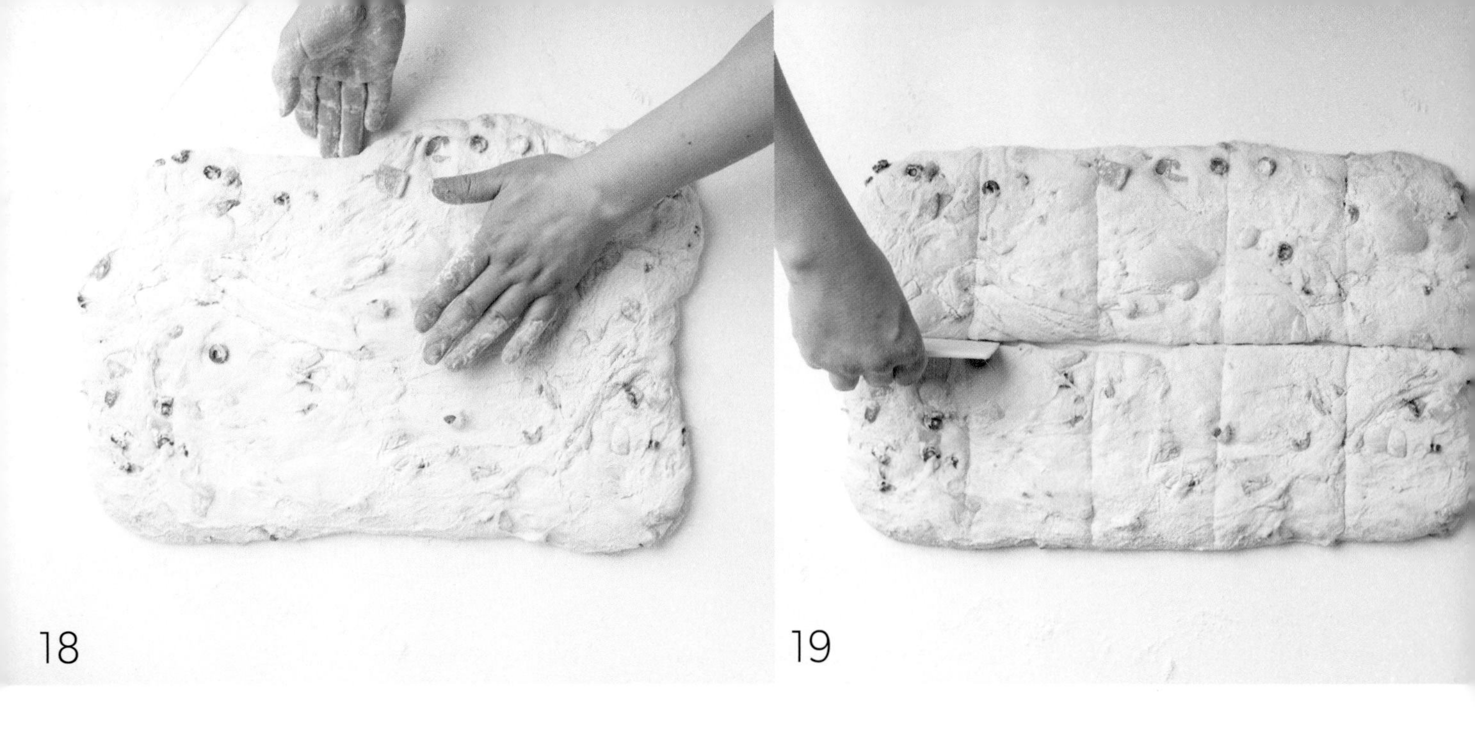

⑱ 반죽에 덧가루를 뿌려가며 50×30cm 직사각 형태로 만든다.

POINT 이 과정에서 반죽의 가스가 너무 많이 빠져나가지 않도록 가볍게 늘려 펴준다.

⑲ 10×15cm로 재단한다.

⑳ 테프론시트를 깐 나무판 위에 재단한 반죽을 올린다.

㉑ 올리브오일을 바른다.

㉒ 손가락으로 반죽을 자연스럽게 늘린다.

POINT 손가락으로 반죽을 누르는 과정은 손가락의 굵기에 따라 달라질 수 있지만,
보통 15개 정도의 자국이 나도록 하는 것이 적당하다.

21

22

23 블랙올리브와 그린올리브를 올린다.

24 슬라이스한 양파를 올린다.

25 그라나파다노 분말을 뿌린 후 실온에 두고 30분간 2차 발효한다.

26 데크 오븐 기준 윗불 260℃ - 아랫불 220℃에 넣고 스팀을 약 3~4초간 주입한 후 10분간 굽는다.

POINT ◎ 컨벡션 오븐의 경우 250℃로 예열된 오븐에 넣고 스팀을 3회(총 4초) 주입한 후 210℃로 낮춰 10분간 굽는다.

◎ 우녹스 오븐처럼 스팀을 주는 기능이 %로 되어 있는 경우 반죽을 넣기 전 80%로 설정하고, 습기가 차면 반죽을 넣고 볼륨이 올라오는 시점에서 스팀을 0%로 조정한다.

◎ 구워져 나온 포카치아 표면에 올리브오일을 바른다.

05

MARINARA SAUCE & MORTADELLA FOCACCIA

마리나라 소스 & 모르타델라 포카치아

토마토의 풍부한 맛을 표현하고 싶어 만든 포카치아다. 이탈리아의 피자가 연상되도록 삼각형으로 성형을 했다. 토마토, 마늘, 샬롯, 향신료를 사용한 마리나라 소스를 만들어 반죽에 바르고 각종 채소와 모르타델라를 올려 맛을 더했다. 토핑 뿐만 아니라 반죽에도 쉐어드토마토를 넣어 컬러부터 맛까지 토마토의 맛이 풍부하게 느껴지는 포카치아로 완성했다.

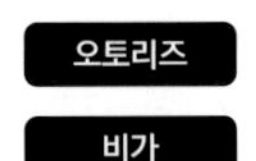

16cm 삼각형
8개

DECK
270°C / 250°C
15분

CONVECTION
250°C → 210°C
10분

Process

- 비가 반죽 준비
- 오토리즈 반죽 준비
- → 본반죽 믹싱 (최종 반죽 온도 23~25℃)
- → 1차 발효 (25℃ - 75% - 40분)
- → 폴딩
- → 1차 저온 발효 (8℃ - 12~15시간)
- → 16℃로 온도 회복
- → 분할 (8등분)
- → 성형
- → 토핑
- → 굽기

Ingredients

오토리즈 반죽 ● (76p 참고)

포카치아 밀가루 (far focaccia) MOLINO DALLA GIOVANNA	800g
강력분 (코끼리)	200g
물	650g
쉐어드토마토	100g
TOTAL	**1750g**

비가 반죽 ● (108p 참고)

강력분 (코끼리)	1000g
이스트 (saf 세미 드라이 이스트 레드)	3g
물	550g
소금	15g
TOTAL	**1568g**

마리나라 소스 ● (200p 참고)

올리브오일	15g
냉동 샬롯	80g
다진 마늘	5g
쉐어드토마토	400g
냉동 바질	2g
오레가노	0.5g
소금	적당량
후추	적당량

토핑

마리나라 소스 ●	160g
슈레드 모차렐라	112g
반으로 자른 방울토마토	40개
슬라이스 파프리카	32개
모르타델라	160g
올리브오일	적당량
허브 믹스	적당량
쪽파	적당량
그라나파다노	적당량

본반죽

오토리즈 반죽 ●	전량
비가 반죽 ●	300g
몰트엑기스 (마루비시)	5g
물 (30℃)	15g
이스트 (saf 세미 드라이 이스트 레드)	3g
소금	19g
조정수	100g
올리브오일	100g
TOTAL	**2292g**

MARINARA SAUCE & MORTADELLA FOCACCIA

1
오토리즈 반죽
2
3
4
5
6

How to make

본반죽

❶ 믹싱볼에 오토리즈 반죽, 비가 반죽, 몰트엑기스를 넣는다.

❷ 30℃의 물에 이스트를 잘 풀어 **1**에 넣고, 저속(약 3분) - 중속(약 1분)간 믹싱한다.

POINT 이스트는 30~35℃에서 가장 활발하게 활동한다. 얼음물이나 뜨거운 물을 사용할 경우 이스트의 일부가 사멸할 수 있으므로, 이스트를 풀어주는 물의 온도를 잘 맞춰주는 것이 중요하다.

❸ 반죽에 물기가 보이지 않고 어느 정도의 탄력이 생기면 소금을 넣고, 저속(약 1분) - 중속(약 1분)간 믹싱한다.

❹ 반죽이 볼 바닥에서 떨어지는 상태가 되면 조정수 100g을 3~4분간 천천히 흘려가며 믹싱한다.

POINT ◍ 조정수는 한 번에 다 넣기보다는 일부를 남겨두고 반죽의 되기를 확인하며 추가한다. 조정수는 밀가루 1,000g 기준 1회에 20g 이상을 사용하지 않도록 한다. 따라서 100g의 조정수는 최소 5회로 나눠가며 반죽에서 서서히 수화시켜주는 것이 중요하다.

◍ 사용하는 밀가루나 작업 환경이 바뀔 경우 사용하는 조정수의 양도 늘어나거나 줄어들 수 있으므로, 항상 반죽의 상태를 확인하며 조정수의 양을 조절한다.

❺ 조정수가 반죽에 모두 흡수되면 올리브오일을 약 3분간 천천히 흘려가며 믹싱한다.

POINT 올리브오일은 믹싱볼 벽면에 조금씩 흘려가면서 천천히 넣어준다. 올리브오일이 반죽에 모두 흡수되면 믹싱을 마무리한다.

❻ 최종 반죽 온도는 23~25℃가 이상적이며 반죽은 매끄럽고 윤기가 흐르는 상태다.

POINT 최종 반죽의 온도가 낮거나 높은 경우 발효 시간은 늘어나거나 줄어들 수 있다. 그렇기 때문에 반죽이 끝나고 최종 온도 체크를 하는 것은 저온 발효 후 정상적인 제품을 생산하기 위한 아주 중요한 공정이다.

How to make

❼ 브레드박스 안쪽에 올리브오일을 바른다.

POINT 여기에서는 26.5×32.5×10cm 크기의 브레드박스를 사용했다.

❽ 올리브오일을 바른 브레드박스에 옮긴 후 25℃-75% 발효실에서 약 40분간 1차 발효한다.

❾ 반죽을 상하좌우로 4번 폴딩한다.

❿ 8℃의 냉장고에서 12~15시간 저온 발효한다.

⓫ 반죽을 실온에 두고 16℃가 되면 작업대에 반죽을 옮긴다.

POINT 이때 반죽이 달라붙지 않도록 반죽 윗면과 작업대에 덧가루를 뿌린 후 반죽을 옮긴다.

⓬ 반죽에 덧가루를 뿌려가며 32×32cm 정사각 형태로 만든다.

⓭ 반죽을 8등분해 스크래퍼로 자른다.

POINT 이 과정에서 반죽의 모양을 직사각형이나 정사각형으로 만들어도 좋다.
이 경우 반죽의 모양에 맞춰 크기를 조절한다.

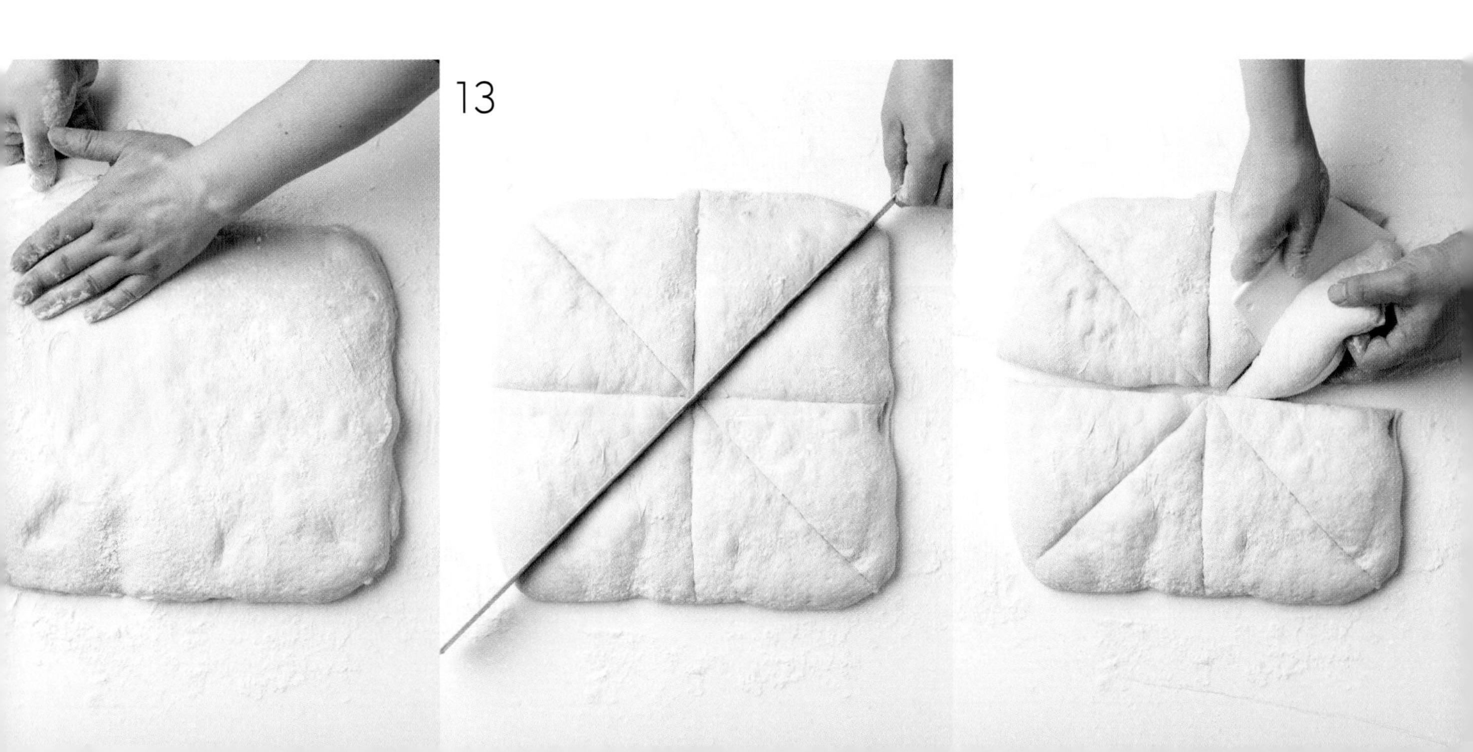

⓮ 테프론시트를 깐 나무판 위에 반죽을 올린다.

⓯ 반죽 표면에 올리브오일을 바른다.

POINT 이 과정은 반죽의 형태를 만드는 과정이므로 반죽 표면에 올리브오일을 바르지 않고 손가락에 물을 묻혀 작업해도 좋다.

⓰ 손가락으로 자연스럽게 늘린다.

⓱ 마리나라 소스를 20g씩 바른다.

⓲ 슈레드 모차렐라를 14g씩 올린다.

⓳ 반으로 자른 방울토마토는 5개씩, 슬라이스한 파프리카는 4개씩 올린다.

*** 2차 발효를 생략할 수 있는 경우**

① 얇은 포카치아(철판에 굽지 않고 바닥에 직접 굽는 경우)는 오븐에 들어가면 오븐 스프링이 빠르게 일어나므로 2차 발효를 하지 않아도 충분한 볼륨을 얻을 수 있다.

② 토핑이 많이 올라가는 포카치아는 토핑을 올리는 시간 자체를 2차 발효로 볼 수 있다.

⑳ 적당한 크기로 자른 모르타델라를 20g씩 올린다.

POINT 모르타델라를 구하기 어려운 경우 슬라이스 햄 또는 스팸을 사용해도 좋다.

㉑ 올리브오일을 뿌린 후 허브 믹스를 뿌린다.

㉒ 데크 오븐 기준 윗불 270℃ – 아랫불 250℃에 넣고 15분간 구운 후 잘게 썬 쪽파와 그라나파다노를 강판에 갈아 뿌린다.

POINT
- 컨벡션 오븐의 경우 오븐에 스톤을 넣고 250℃로 예열한 후 210℃로 낮춰 예열된 스톤 위에 반죽을 올려 10분간 굽는다.
- 구워져 나온 포카치아 표면에 올리브오일을 바른다.

How to make 마리나라 소스

❶ 팬에 올리브오일을 두르고 가열한다.

❷ 팬에 열이 오르면 냉동 샬롯을 넣고 주걱으로 섞어가며 가열한다.

POINT 냉동 샬롯은 팬이 달궈질 때쯤 냉동실에서 꺼내 냉동 상태 그대로 사용한다.

❸ 냉동 샬롯이 노릇하게 익으면 다진 마늘을 넣고 주걱으로 섞어가며 가열한다.

❹ 다진 마늘이 익으면 쉐어드토마토를 넣고 가열한다.

❺ 한번 끓어오르면 냉동 바질, 오레가노, 소금, 후추를 넣고 섞은 후 끓어오르기 시작하면 불에서 내려 식힌 후 사용한다.

MARINARA SAUCE & MORTADELLA FOCACCIA

FOCA

CCIA

PART **8**

풀리시 종을 사용한 포카치아

“

수분 함량이 높은 풀리시 종을 반죽에 사용하면
한국인이 선호하는 은은한 발효의
풍미를 가진 빵으로 완성할 수 있다.

”

발효 후

발효 전

basic

풀리시 이해하기

풀리시Poolish는 폴란드에서 유래되어 현재 전 세계 많은 나라의 제빵사들이 사용하고 있는 이스트를 활용한 발효종이다. 보통 물과 밀가루 1:1 비율에 소량의 이스트를 첨가하지만, 지금은 이스트의 양을 늘려 페이스트리 제품 등 다양한 종류의 빵에 사용하기도 한다.

풀리시종은 비가와 마찬가지로 반죽의 발효력을 높이고 빵의 풍미를 좋게 하는 특징을 가진다. 또한 수분 함량이 높은 발효종이므로 상대적으로 수분 함량이 낮은 비가에 비해 은은한 발효의 향을 가져 바게트, 치아바타, 포카치아 반죽에 사용하면 우리나라 사람들이 좋아하는 은은한 발효의 풍미를 가진 빵으로 만들 수 있다.

현재 풀리시종을 만들어 여러 반죽에 추가하는 방식으로 많이 사용되는데, 개인적으로 좋은 방법이라고 생각한다. 묵은 반죽과 마찬가지로 다양하게 활용할 수 있어 편리하기도 하다. 다만 주의해야 할 부분은 풀리시 종에는 소금이 들어가지 않으므로, 많은 양의 풀리시 종을 반죽에 넣어 사용할 때는 풀리시 종에 들어가는 밀가루 양의 1.8%의 소금을 반죽에 추가해주어야 최종적인 맛에 영향을 주지 않는다는 것이다.

예 풀리시종 200g을 사용한다고 가정해보자. 풀리시 종은 물과 밀가루가 1:1인 배합이므로 풀리시 종 200g에는 밀가루 100g이 포함되어 있다. 따라서 100g의 1.8%인 1.8g의 소금을 본반죽에 추가해야 한다.

Ingredients

강력분 (코끼리)	200g
물 (30℃)	200g
이스트 (saf 세미 드라이 이스트 레드)	0.5g

Recipe

1. 이스트를 30℃의 물에 넣고 풀어준다.
2. 1에 강력분을 넣고 주걱으로 섞는다.
3. 실온(25℃)에서 3시간 발효한다.
4. 3~4℃의 냉장고로 옮겨 15시간 발효한다.

   ● 작업 환경에 따라 발효하는 시간은 달라질 수 있다.

풀리시 종을 15시간 동안 발효하면서 냉장고 온도가 높았거나 시간 계산의 착오로 문제가 생기는 경우 사진처럼 발효된 종이 꺼지는 상태가 된다. 이 경우 이스트가 힘을 지나치게 사용하였으므로 본반죽에서의 활동이 느려질 수 있다.
이 경우 본반죽에 들어가는 이스트의 양을 소량 늘려주는 것이 도움이 될 수 있다. 하지만 풀리시 종의 발효 상태가 너무 좋지 않다면 사용하지 않는 것이 가장 좋다.

01

FOCACCIA ALTA

포카치아 알타

'높은 포카치아'라는 뜻의 포카치아 알타는 일반 포카치아에 비해 높게 만들어 폭신한 식감을 가진다. 반죽의 두께가 높기 때문에 반으로 잘라 햄이나 치즈를 샌딩해 샌드위치로 만들기에도 좋고, 폭신한 식감을 가지므로 식전빵으로 사용해도 잘 어울린다.

풀리시

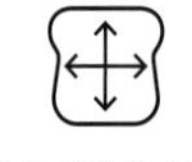
33.5×36.5×5cm
철판 1개

DECK
240°C / 220°C
18분

CONVECTION
250°C → 190°C
20분

Process

풀리시 반죽 준비
→ 본반죽 믹싱 (최종 반죽 온도 24~25℃)
→ 1차 발효 (25℃ - 75% - 20분)
→ 폴딩
→ 1차 저온 발효 (8℃ - 12~15시간)
→ 16℃로 온도 회복
→ 팬닝
→ 성형
→ 벤치타임 (27℃ - 75% - 30분)
→ 2차 발효 (27℃ - 75% - 50분)
→ 굽기

Ingredients

풀리시 반죽 ●
(204p 참고)

강력분 (코끼리)	400g
물	400g
이스트 (saf 세미 드라이 이스트 레드)	1g
TOTAL	**801g**

본반죽

풀리시 반죽 ●	전량
실버스타 밀가루 (로저스)	400g
T65 밀가루 (지라도)	200g
이스트 (saf 세미 드라이 이스트 레드)	1g
물 (30℃)	390g
소금	18g
조정수	140g
올리브오일	70g
TOTAL	**2020g**

1
2
3
4
5
6
7

How to make

본반죽

❶ 믹싱볼에 풀리시 반죽, 실버스타 밀가루, T65 밀가루, 이스트, 물을 넣는다.

POINT 이스트는 30~35℃에서 가장 활발하게 활동한다. 얼음물이나 뜨거운 물을 사용할 경우 이스트의 일부가 사멸할 수 있으므로, 이스트를 풀어주는 물의 온도를 잘 맞춰주는 것이 중요하다.

❷ 저속(약 3분) - 중속(약 1분)간 믹싱한다.

❸ 반죽에 물기가 보이지 않고 어느 정도의 탄력이 생기면 소금을 넣는다.

❹ 저속(약 1분) - 중속(약 3분)간 믹싱한다.

❺ 반죽이 볼 바닥에서 떨어지는 상태가 되면 조정수 140g을 3~4분간 천천히 흘려가며 믹싱한다.

POINT ● 조정수는 한 번에 다 넣기보다는 일부를 남겨두고 반죽의 되기를 확인하며 추가한다. 조정수는 밀가루 1,000g 기준 1회에 20g 이상을 사용하지 않도록 한다. 따라서 140g의 조정수는 최소 7회로 나눠가며 반죽에서 서서히 수화시켜주는 것이 중요하다.

● 사용하는 밀가루나 작업 환경이 바뀔 경우 사용하는 조정수의 양도 늘어나거나 줄어들 수 있으므로, 항상 반죽의 상태를 확인하며 조정수의 양을 조절한다.

❻ 조정수가 반죽에 모두 흡수되면 올리브오일을 약 3분간 천천히 흘려가며 믹싱한다.

POINT 올리브오일은 믹싱볼 벽면에 조금씩 흘려가면서 천천히 넣어준다. 올리브오일이 반죽에 모두 흡수되면 믹싱을 마무리한다.

❼ 최종 반죽 온도는 24~25℃가 이상적이며 반죽은 매끄럽고 윤기가 흐르는 상태다.

POINT 최종 반죽의 온도가 낮거나 높은 경우 발효 시간은 늘어나거나 줄어들 수 있다. 그렇기 때문에 반죽이 끝나고 최종 온도 체크를 하는 것은 저온 발효 후 정상적인 제품을 생산하기 위한 아주 중요한 공정이다.

8

9

How to make

❽ 올리브오일을 바른 브레드박스로 반죽을 옮긴 후 25℃-75% 발효실에서 약 20분간 1차 발효한다.

POINT ◎ 여기에서는 32.5×35.3×10cm 크기의 브레드박스를 사용했다.

◎ 풀리시 제법으로 만든 포카치아는 발효력이 좋기 때문에 이 과정에서 시간이 오버되지 않도록 주의한다. 만약 20분 이상 시간이 오버되었다면, 폴딩한 후 잠시 냉동고에 넣어 빠르게 온도를 낮춰준 후 다시 저온(냉장)에 두고 발효한다.

❾ 반죽을 상하좌우로 4번 폴딩한다.

❿ 8℃에서 12~15시간 저온 발효한다.

⓫ 반죽을 실온에 두고 16℃가 되면 올리브오일을 바른 철판에 반죽을 옮긴다.

POINT 여기에서는 33.5×36.5×5cm 크기의 철판을 사용했다.

⓬ 반죽 윗면에 올리브오일을 뿌린 후 손가락으로 자연스럽게 반죽을 밀며 철판 전체에 고르게 펼친다.

11

12

⓭ 27℃-75% 발효실에서 약 30분간 벤치타임을 준다.

⓮ 반죽에 올리브오일을 뿌리고 철판에 맞춰 다시 손가락으로 자연스럽게 늘려준 후 27℃-75% 발효실에서 약 50분간 2차 발효한다.

⓯ 데크 오븐 기준 윗불 240℃-아랫불 220℃에 넣고 스팀을 약 3~4초간 주입한 후 18분간 굽는다.

POINT
- 컨벡션 오븐의 경우 250℃로 예열된 오븐에 넣고 스팀을 3회(총 4초) 주입한 후 190℃로 낮춰 20분간 굽는다.
- 우녹스 오븐처럼 스팀을 주는 기능이 %로 되어 있는 경우 반죽을 넣기 전 80%로 설정하고, 습기가 차면 반죽을 넣고 볼륨이 올라오는 시점에서 스팀을 0%로 조정한다.
- 포카치아 알타는 일반적인 포카치아에 비해 높이가 높으므로 굽는 시간이 더 오래 걸리며, 높이가 높은 만큼 아랫불 온도도 높아야 완전히 익는다.
- 구워져 나온 포카치아 표면에 올리브오일을 바른다.

02

GRAIN FOCACCIA

곡물 포카치아

빵은 사용하는 재료에 의해 맛이 결정된다. 여기에서는 포카치아 메뉴로는 보기 드문 곡물을 사용한 포카치아를 소개한다. 반죽과 토핑에 모두 곡물을 사용하고 호박씨와 해바라기씨로 고소함과 식감을 더했다. 그냥 먹어도 담백하고 고소하게 즐길 수 있으며, 샌드위치용 포카치아로 사용해도 잘 어울린다.

풀리시

1차 저온 발효 (8℃)

150g
약 13개

DECK
250°C / 210°C
10분

CONVECTION
250°C → 200°C
10분

Process

풀리시 반죽 준비
→ 본반죽 믹싱 (최종 반죽 온도 24~25℃)
→ 1차 발효 (25℃ - 75% - 20분)
→ 폴딩
→ 1차 저온 발효 (8℃ - 12~15시간)
→ 16℃로 온도 회복
→ 분할 (150g)
→ 벤치타임 (27℃ - 75% - 30분)
→ 토핑
→ 성형
→ 2차 발효 (27℃ - 75% - 30분)
→ 굽기

Ingredients

풀리시 반죽 ● (204p 참고)

강력분 (코끼리)	400g
물	400g
이스트 (saf 세미 드라이 이스트 레드)	1g
TOTAL	**801g**

본반죽

풀리시 반죽 ●	전량
실버스타 밀가루 (로저스)	400g
크라프트콘믹스 (베이크플러스)	150g
데코브롯 (베이크플러스)	50g
이스트 (saf 세미 드라이 이스트 레드)	1g
물 (30℃)	350g
소금	10g
조정수	140g
올리브오일	50g
TOTAL	**1952g**

곡물 토핑

멀티그레인토핑P (선인)	100g
호박씨	50g
해바라기씨	30g
슈레드 파르메산	100g

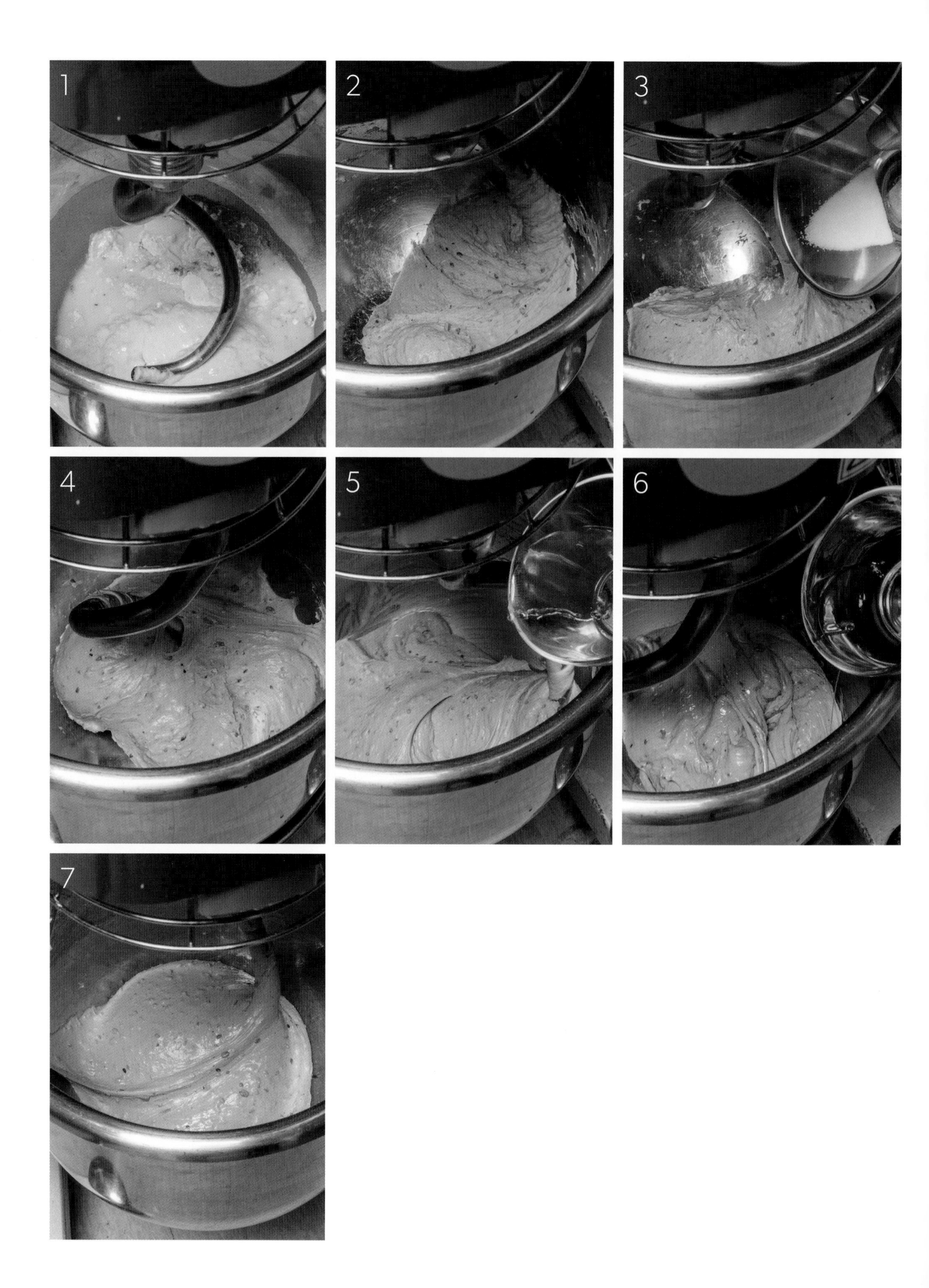

How to make

본반죽

❶ 믹싱볼에 풀리시 반죽, 실버스타 밀가루, 크라프트콘믹스, 데코브롯, 이스트, 물을 넣는다.

POINT ● 이스트는 30~35℃에서 가장 활발하게 활동한다. 얼음물이나 뜨거운 물을 사용할 경우 이스트의 일부가 사멸할 수 있으므로, 이스트를 풀어주는 물의 온도를 잘 맞춰주는 것이 중요하다.

● 데코브롯 대신 크라프트콘믹스를 사용해도 좋다.

❷ 저속(약 3분) - 중속(약 1분)간 믹싱한다.

❸ 반죽에 물기가 보이지 않고 어느 정도의 탄력이 생기면 소금을 넣는다.

❹ 저속(약 1분) - 중속(약 3분)간 믹싱한다.

❺ 반죽이 볼 바닥에서 떨어지는 상태가 되면 조정수 140g을 3~4분간 천천히 흘려가며 믹싱한다.

POINT ● 조정수는 한 번에 다 넣기보다는 일부를 남겨두고 반죽의 되기를 확인하며 추가한다. 조정수는 밀가루 1,000g 기준 1회에 20g 이상을 사용하지 않도록 한다. 따라서 140g의 조정수는 최소 7회로 나눠가며 반죽에서 서서히 수화시켜주는 것이 중요하다.

● 사용하는 밀가루나 작업 환경이 바뀔 경우 사용하는 조정수의 양도 늘어나거나 줄어들 수 있으므로, 항상 반죽의 상태를 확인하며 조정수의 양을 조절한다.

❻ 조정수가 반죽에 모두 흡수되면 올리브오일을 약 3분간 천천히 흘려가며 믹싱한다.

POINT 올리브오일은 믹싱볼 벽면에 조금씩 흘려가면서 천천히 넣어준다. 올리브오일이 반죽에 모두 흡수되면 믹싱을 마무리한다.

❼ 최종 반죽 온도는 24~25℃가 이상적이며 반죽은 매끄럽고 윤기가 흐르는 상태다.

POINT ● 곡물 포카치아는 호밀 등 여러 가지 곡물이 들어가므로 믹싱 시 반죽에서 약간의 끈적임이 느껴진다. 따라서 믹싱이 오버되어 렛 다운 단계(반죽에 탄력이 없어지고 늘어지는 단계)로 넘어가지 않도록 주의한다.

● 최종 반죽의 온도가 낮거나 높은 경우 발효 시간은 늘어나거나 줄어들 수 있다. 그렇기 때문에 반죽이 끝나고 최종 온도 체크를 하는 것은 저온 발효 후 정상적인 제품을 생산하기 위한 아주 중요한 공정이다.

How to make

❽ 올리브오일을 바른 브레드박스로 반죽을 옮긴 후 25℃-75% 발효실에서 약 20분간 1차 발효한다.

POINT ● 여기에서는 32.5×35.3×10cm 크기의 브레드박스를 사용했다.

● 풀리시 제법으로 만든 포카치아는 발효력이 좋기 때문에 이 과정에서 시간이 오버되지 않도록 주의한다. 만약 20분 이상 시간이 오버되었다면, 폴딩한 후 잠시 냉동고에 넣어 빠르게 온도를 낮춰준 후 다시 저온(냉장)에 두고 발효한다.

❾ 반죽을 상하좌우로 4번 폴딩한다.

❿ 8℃에서 12~15시간 저온 발효한다.

10

⓫ 반죽을 실온에 두고 16℃로 온도가 회복되면 작업대에 반죽을 옮긴다.

POINT 이때 반죽이 달라붙지 않도록 반죽 윗면과 작업대에 덧가루를 뿌린 후 반죽을 옮긴다. 반죽의 온도가 16℃가 되면 작업이 가능하며, 20℃까지는 포카치아를 정상적으로 만드는 데 지장이 없다.

⓬ 반죽을 150g으로 분할한다.

POINT 포카치아를 판으로 만들고 싶다면 이 책의 다른 포카치아들처럼 철판에 올리브오일을 바르고 반죽을 올려 손가락으로 늘려준다.

⓭ 반죽을 가볍게 둥글리기한다.

POINT 둥글리기를 한 다음 올리브오일을 바르고 곡물 토핑을 묻혀 벤치타임을 30분간 준 후 손가락으로 자연스럽게 늘려주는 작업을 해도 좋다.

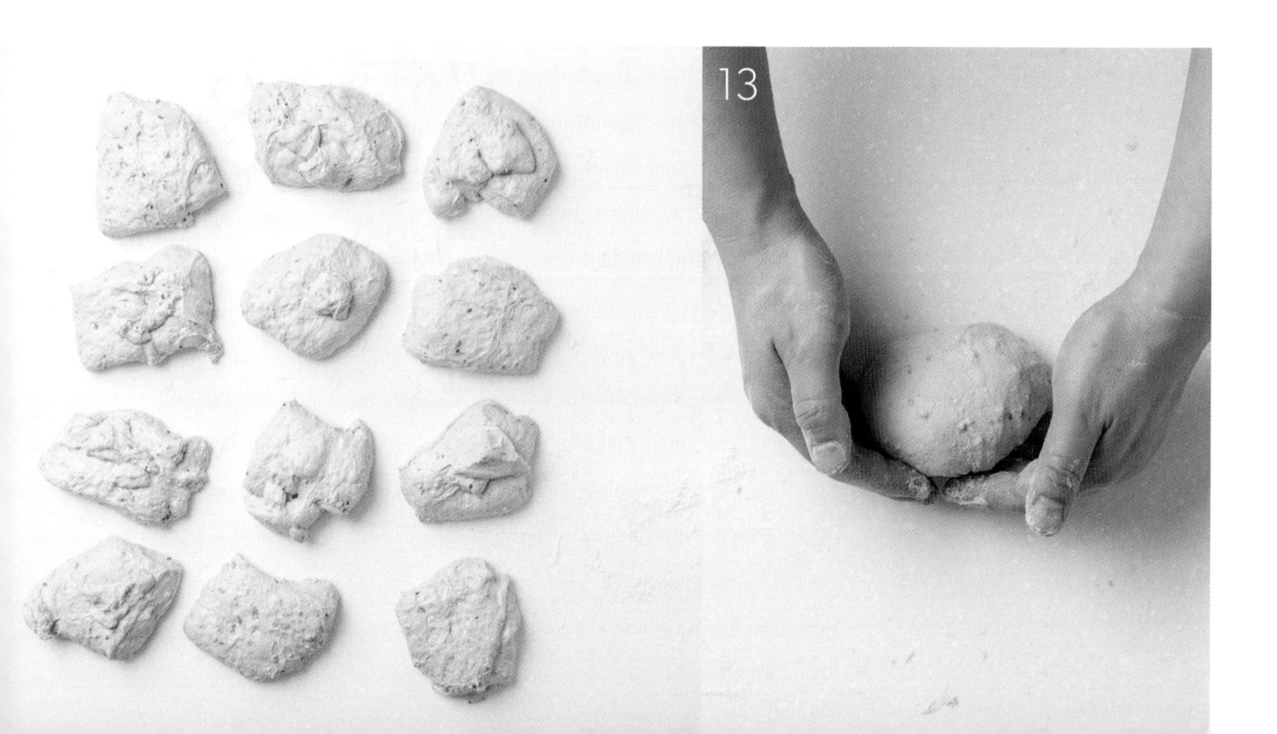
13

⓮ 덧가루를 뿌린 철판에 반죽을 팬닝한다.

⓯ 27℃-75% 발효실에서 약 30분간 벤치타임을 준다.

⓰ 반죽 윗면에 올리브오일을 바른다.

POINT 반죽에 곡물이 잘 붙게 하는 과정이므로 올리브오일 대신 물을 뿌려도 좋다.

⓱ 올리브오일을 바른 반죽 면에 곡물 토핑을 묻힌다.

POINT 곡물 토핑은 볼에 모든 재료를 담고 골고루 섞은 후 사용한다.

⓲ 테프론시트를 깐 나무판에 반죽을 옮긴다.

포카치아 반죽
원형으로 성형하기

⑲ 손가락으로 자연스럽게 반죽을 늘린다.

POINT 손가락으로 반죽을 눌러주면 살짝 넓은 형태가 되어 샌드위치를 하기에 적당한 높이로 완성된다. 반면 둥굴린 상태 그대로 발효하면 높이감이 있는 둥근 모양으로 완성되므로 사용하는 목적에 따라 성형한다.

⑳ 27℃-75% 발효실에서 30분간 2차 발효한 후, 데크 오븐 기준 윗불 250℃-아랫불 210℃에 넣고 스팀을 약 3~4초간 주입한 후 10분간 굽는다.

POINT ◍ 컨벡션 오븐의 경우 250℃로 예열된 오븐에 넣고 스팀을 3회(총 4초) 주입한 후 200℃로 낮춰 10분간 굽는다.

◍ 우녹스 오븐처럼 스팀을 주는 기능이 %로 되어 있는 경우 반죽을 넣기 전 80%로 설정하고, 습기가 차면 반죽을 넣고 볼륨이 올라오는 시점에서 스팀을 0%로 조정한다.

◍ 구워져 나온 포카치아 표면에 올리브오일을 바른다.

03

ONION FOCACCIA

양파 포카치아

풀리시 종을 사용하면 은은한 발효의 풍미를 내는 제품을 만들 수 있다. 여기에서는 풀리시 종의 은은한 발효 향과 양파의 깊은 맛이 어우러지는 포카치아를 만들어보았다. 양파의 깊고 풍부한 맛이 느껴지는 어니언 수프를 먹는 것처럼, 이 포카치아를 한입 베어 물고 나면 입안 가득 양파의 맛과 향이 진하게 느껴지는 포카치아다. 이 책의 모든 메뉴를 맛있게 만들었지만, 그중에서도 하나 고르라고 하면 생각날 정도로 마음에 들게 만들어진 레시피이다.

풀리시

1차 저온 발효 (8℃)

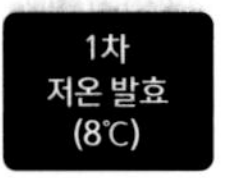

200g
약 12개

DECK
250°C / 210°C
12분

CONVECTION
250°C → 200°C
12분

Process

풀리시 반죽 준비
→ 본반죽 믹싱 (최종 반죽 온도 24~25℃)
→ 1차 발효 (25℃ - 75% - 20분)
→ 폴딩
→ 1차 저온 발효 (8℃ - 12~15시간)
→ 16℃로 온도 회복
→ 분할 (200g)
→ 벤치타임 (27℃ - 75% - 40분)
→ 성형
→ 토핑
→ 2차 발효 (27℃ - 75% - 30분)
→ 굽기

Ingredients

풀리시 반죽 ● (204p 참고)

강력분 (코끼리)	400g
물	400g
이스트 (saf 세미 드라이 이스트 레드)	1g
TOTAL	**801g**

본반죽

풀리시 반죽 ●	전량
실버스타 밀가루 (로저스)	400g
T65 밀가루 (지라도)	200g
이스트 (saf 세미 드라이 이스트 레드)	1g
물 (30℃)	350g
소금	18g
조정수	100g
올리브오일	70g
TOTAL	**1940g**

구운 양파 ● (230p 참고)

양파	800g
올리브오일	40g
후추	1g
고운소금	2g

충전물

구운 양파 ●	400g
생양파	140g

토핑

슬라이스한 양파, 슈레드 파르메산, 후추, 크러쉬드 레드페퍼 적당량

ONION FOCACCIA

1
2
3
4
5
6
7
8

How to make

본반죽

❶ 믹싱볼에 풀리시 반죽, 실버스타 밀가루, T65 밀가루, 이스트, 물을 넣는다.

POINT 이스트는 30~35℃에서 가장 활발하게 활동한다. 얼음물이나 뜨거운 물을 사용할 경우 이스트의 일부가 사멸할 수 있으므로, 이스트를 풀어주는 물의 온도를 잘 맞춰주는 것이 중요하다.

❷ 저속(약 3분) - 중속(약 1분)간 믹싱한다.

❸ 반죽에 물기가 보이지 않고 어느 정도의 탄력이 생기면 소금을 넣는다.

❹ 저속(약 1분) - 중속(약 3분)간 믹싱한다.

❺ 반죽이 볼 바닥에서 떨어지는 상태가 되면 조정수 100g을 3~4분간 천천히 흘려가며 믹싱한다.

POINT ◍ 조정수는 한 번에 다 넣기보다는 일부를 남겨두고 반죽의 되기를 확인하며 추가한다. 조정수는 밀가루 1,000g 기준 1회에 20g 이상을 사용하지 않도록 한다. 따라서 100g의 조정수는 최소 5회로 나눠가며 반죽에서 서서히 수화시켜주는 것이 중요하다.

◍ 사용하는 밀가루나 작업 환경이 바뀔 경우 사용하는 조정수의 양도 늘어나거나 줄어들 수 있으므로, 항상 반죽의 상태를 확인하며 조정수의 양을 조절한다.

❻ 조정수가 반죽에 모두 흡수되면 올리브오일을 약 3분간 천천히 흘려가며 믹싱한다.

POINT 올리브오일은 믹싱볼 벽면에 흘리면서 천천히 넣어준다.

❼ 충전물을 넣고 가볍게 섞어준다.

POINT 굽고 난 양파에 수분이 있으므로 너무 짧게 섞으면 양파에 수분이 그대로 남아 있어 다음 작업에 지장을 줄 수 있으므로 모든 재료가 골고루 잘 섞이도록 한다.

❽ 최종 반죽 온도는 24~25℃가 이상적이며 반죽은 매끄럽고 윤기가 흐르는 상태다.

POINT 최종 반죽의 온도가 낮거나 높은 경우 발효 시간은 늘어나거나 줄어들 수 있다. 그렇기 때문에 반죽이 끝나고 최종 온도 체크를 하는 것은 저온 발효 후 정상적인 제품을 생산하기 위한 아주 중요한 공정이다.

9

10

How to make

❾ 올리브오일을 바른 브레드박스로 반죽을 옮긴 후 25℃-75% 발효실에서 약 20분간 1차 발효한다.

POINT ◍ 여기에서는 32.5×35.3×10cm 크기의 브레드박스를 사용했다.

◍ 풀리시 제법으로 만든 포카치아는 발효력이 좋기 때문에 이 과정에서 시간이 오버되지 않도록 주의한다. 만약 20분 이상 시간이 오버되었다면, 폴딩한 후 잠시 냉동고에 넣어 빠르게 온도를 낮춰준 후 다시 저온(냉장)에 두고 발효한다.

❿ 반죽을 상하좌우로 4번 폴딩한다.

⓫ 8℃에서 12~15시간 저온 발효한다.

11

⓬ 반죽을 실온에 두고 16℃로 온도가 회복되면 작업대에 반죽을 옮긴다.

POINT 이때 반죽이 달라붙지 않도록 반죽 윗면과 작업대에 덧가루를 뿌린 후 반죽을 옮긴다. 반죽의 온도가 16℃가 되면 작업이 가능하며, 20℃까지는 포카치아를 정상적으로 만드는 데 지장이 없다.

⓭ 반죽을 200g으로 분할한다.

⓮ 반죽을 가볍게 둥글리기한다.

14

⓯ 테프론시트를 깐 나무판 위에 올린다.

POINT 여기에서는 테프론시트 위에서 작업했지만, 올리브오일을 바른 철판 위에서 작업하면 양파 머리 모양을 만드는 데 더 수월하다.

⓰ 27℃-75% 발효실에서 약 40분간 벤치타임을 준다.

⓱ 반죽 윗면에 올리브오일을 바른다.

⓲ 손가락으로 반죽을 자연스럽게 늘린다.

POINT 손가락으로 반죽을 누르는 과정은 손가락의 굵기에 따라 달라질 수 있지만, 보통 15개 정도의 자국이 나도록 하는 것이 적당하다.

⓳ 반죽 한 쪽 일부를 잡고 한 번 꼬아 양파 머리를 만든다.

⓴ 슬라이스한 양파를 올린다.

㉑ 올리브오일을 뿌린다.

㉒ 슈레드 파르메산을 뿌린다.

㉓ 후추를 뿌린다.

㉔ 크러쉬드 레드페퍼를 뿌린 후 27℃-75% 발효실에서 약 30분간 2차 발효한다.

㉕ 데크 오븐 기준 윗불 250℃-아랫불 210℃에 넣고 스팀을 약 3~4초간 주입한 후 12분간 굽는다.

POINT ◎ 컨벡션 오븐의 경우 250℃로 예열된 오븐에 넣고 스팀을 3회(총 4초) 주입한 후 200℃로 낮춰 12분간 굽는다.

◎ 우녹스 오븐처럼 스팀을 주는 기능이 %로 되어 있는 경우 반죽을 넣기 전 80%로 설정하고, 습기가 차면 반죽을 넣고 볼륨이 올라오는 시점에서 스팀을 0%로 조정한다.

◎ 구워져 나온 포카치아 표면에 올리브오일을 바른다.

How to 양파 모양으로 성형하기

반죽의 한 쪽을 늘려준 후 한 바퀴 꼬아 바닥에 고정시킨다.

How to make 구운 양파

❶ 양파는 사방 1.5cm로 자른다.

❷ 소금, 후추, 올리브오일을 뿌린다.

❸ 모든 재료를 골고루 섞는다.

❹ 유산지를 깐 팬에 팬닝한다.

❺ 220℃에서 5~6분간 구운 후 식혀 사용한다.

POINT 양파를 프라이팬에서 볶으면 볶는 과정에서 수분이 생기거나 으깨지는 반면, 오븐에서 구우면 이러한 단점이 없을 뿐더러 불맛까지 느껴지는 포카치아로 완성할 수 있다.

04

BACON & GARLIC FOCACCIA

베이컨 & 갈릭 포카치아

좀 더 특별한 포카치아를 만들고 싶어 고민하다가 반죽에 올리브오일 대신 마늘 오일을 사용해본 메뉴이다. 올리브오일에 마늘을 넣고 오븐에서 구운 후 마늘은 토핑으로, 오일은 반죽에 넣어 사용했다. 여기에 베이컨과 쪽파를 더해 식사 대용으로도 좋은 개성 넘치는 포카치아로 완성했다.

풀리시

1차 저온 발효 (8℃)

200g
약 12개

DECK
250°C / 210°C
12분

CONVECTION
250°C → 190°C
12분

Process

풀리시 반죽 준비
→ 본반죽 믹싱 (최종 반죽 온도 24~25℃)
→ 1차 발효 (25℃ - 75% - 20분)
→ 폴딩
→ 1차 저온 발효 (8℃ - 12~15시간)
→ 16℃로 온도 회복
→ 분할 (200g)
→ 벤치타임 (27℃ - 75% - 30분)
→ 성형
→ 토핑
→ 2차 발효 (27℃ - 75% - 20분)
→ 굽기

Ingredients

풀리시 반죽 ● (204p 참고)

강력분 (코끼리)	400g
물	400g
이스트 (saf 세미 드라이 이스트 레드)	1g
TOTAL	**801g**

전처리한 마늘 & 마늘 오일 ● (240p 참고)

마늘	200g
올리브오일	200g
크러쉬드 레드페퍼	2g
후추	적당량

본반죽

풀리시 반죽 ●	전량
실버스타 밀가루 (로저스)	400g
T65 밀가루 (지라도)	200g
이스트 (saf 세미 드라이 이스트 레드)	1g
물 (30℃)	350g
소금	18g
조정수	140g
마늘 오일 ●	60g
TOTAL	**1970g**

충전물

후추	2g
타임	2g
베이컨	260g
쪽파	150g

전처리한 쪽파 ● (241p 참고)

쪽파	200g
올리브오일	16g
소금	적당량
후추	적당량

토핑 전처리한 마늘 ●, 할라피뇨, 슈레드 에멘탈 적당량

BACON & GARLIC FOCACCIA

1
2
3
4
5
6
7
8
9

How to make

본반죽

❶ 믹싱볼에 풀리시 반죽, 실버스타 밀가루, T65 밀가루, 이스트, 물을 넣는다.

POINT 이스트는 30~35℃에서 가장 활발하게 활동한다. 얼음물이나 뜨거운 물을 사용할 경우 이스트의 일부가 사멸할 수 있으므로, 이스트를 풀어주는 물의 온도를 잘 맞춰주는 것이 중요하다.

❷ 저속(약 3분) - 중속(약 1분)간 믹싱한다.

❸ 반죽에 물기가 보이지 않고 어느 정도의 탄력이 생기면 소금을 넣는다.

❹ 저속(약 1분) - 중속(약 3분)간 믹싱한다.

❺ 반죽이 볼 바닥에서 떨어지는 상태가 되면 조정수 140g을 3~4분간 천천히 흘려가며 믹싱한다.

POINT ● 조정수는 한 번에 다 넣기보다는 일부를 남겨두고 반죽의 되기를 확인하며 추가한다. 조정수는 밀가루 1,000g 기준 1회에 20g 이상을 사용하지 않도록 한다. 따라서 140g의 조정수는 최소 7회로 나눠가며 반죽에서 서서히 수화시켜주는 것이 중요하다.

● 사용하는 밀가루나 작업 환경이 바뀔 경우 사용하는 조정수의 양도 늘어나거나 줄어들 수 있으므로, 항상 반죽의 상태를 확인하며 조정수의 양을 조절한다.

❻ 조정수가 반죽에 모두 흡수되면 마늘 오일을 약 3분간 천천히 흘려가며 믹싱한다.

POINT 마늘 오일은 믹싱볼 벽면에 흘리면서 천천히 넣어준다.

❼ 후추와 타임을 넣고 가볍게 섞어준다.

❽ 베이컨과 쪽파를 넣고 가볍게 섞어준다.

POINT 베이컨과 쪽파는 적당한 크기로 썰어 사용한다.

❾ 최종 반죽 온도는 24~25℃가 이상적이며 반죽은 매끄럽고 윤기가 흐르는 상태다.

POINT 최종 반죽의 온도가 낮거나 높은 경우 발효 시간은 늘어나거나 줄어들 수 있다. 그렇기 때문에 반죽이 끝나고 최종 온도 체크를 하는 것은 저온 발효 후 정상적인 제품을 생산하기 위한 아주 중요한 공정이다.

How to make

⑩ 올리브오일을 바른 브레드박스로 반죽을 옮긴 후 25℃-75% 발효실에서 약 20분간 1차 발효한다.

POINT ◎ 여기에서는 32.5×35.3×10cm 크기의 브레드박스를 사용했다.

◎ 풀리시 제법으로 만든 포카치아는 발효력이 좋기 때문에 이 과정에서 시간이 오버되지 않도록 주의한다. 만약 20분 이상 시간이 오버되었다면, 폴딩한 후 잠시 냉동고에 넣어 빠르게 온도를 낮춰준 후 다시 저온(냉장)에 두고 발효한다.

⑪ 반죽을 상하좌우로 4번 폴딩한다.

⑫ 8℃에서 12~15시간 저온 발효한다.

12

13

⓭ 반죽을 실온에 두고 16℃로 온도가 회복되면 작업대에 반죽을 옮긴다.

POINT 이때 반죽이 달라붙지 않도록 반죽 윗면과 작업대에 덧가루를 뿌린 후 반죽을 옮긴다. 반죽의 온도가 16℃가 되면 작업이 가능하며, 20℃까지는 포카치아를 정상적으로 만드는 데 지장이 없다.

⓮ 반죽을 200g으로 분할한다.

⓯ 반죽을 가볍게 둥글리기한다.

⓰ 덧가루를 뿌린 철판에 옮긴다.

⓱ 27℃-75% 발효실에서 약 30분간 벤치타임을 준다.

16

17

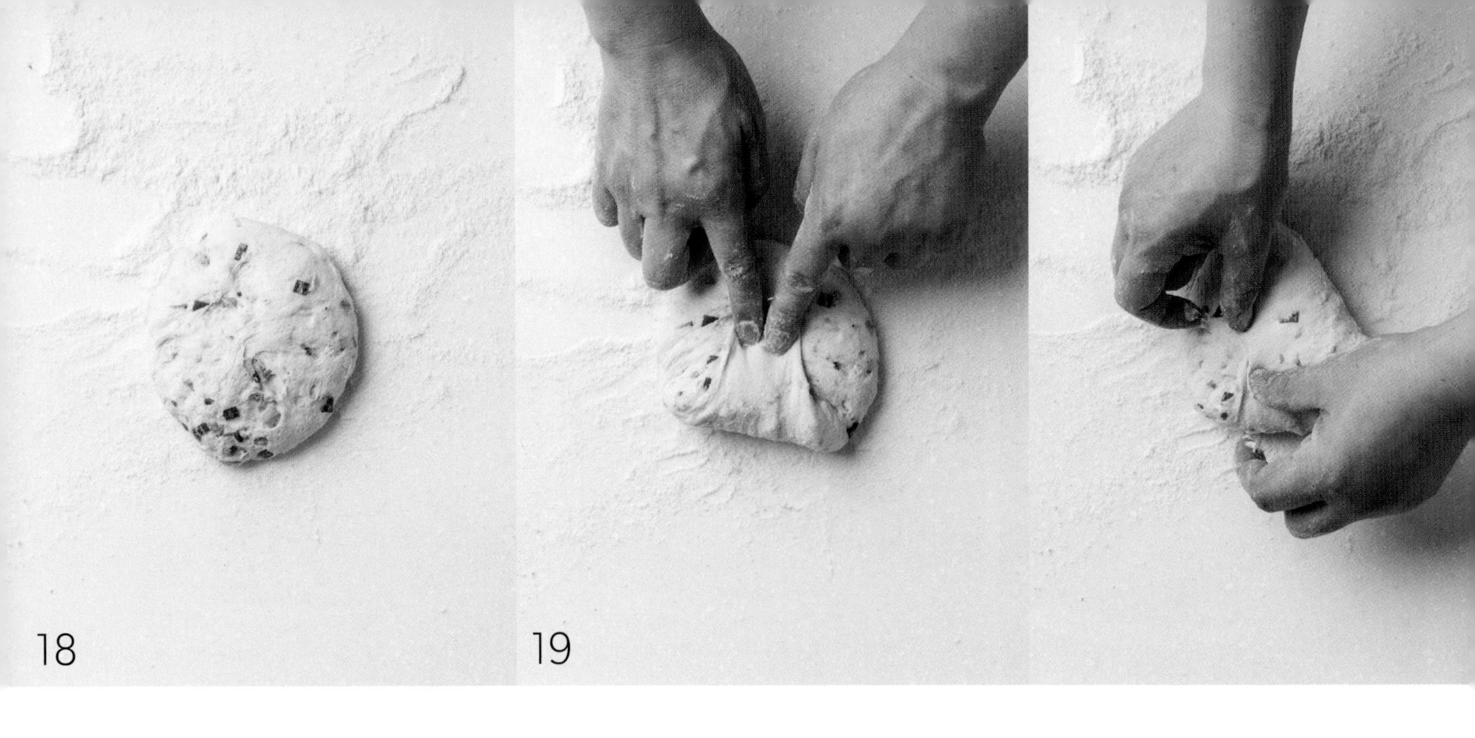

⑱ 덧가루를 뿌린 작업대 위에 반죽을 올린다.

POINT 덧가루는 강력분과 세몰리나를 반씩 섞어 사용한다.

⑲ 반죽을 3면으로 접어 삼각형 모양으로 성형한다.

⑳ 반죽이 모이는 가운데를 눌러 잘 고정시킨다.

POINT 반죽의 끝이 가운데로 모이지 않을 경우 가운데 부분의 높이가 낮아져 가운데가 가라앉은 모양으로 완성될 수 있으니 주의한다.

㉑ 테프론시트를 깐 나무판 위에 반죽을 올린 후 윗면에 올리브오일을 바른다.

㉒ 손가락으로 자연스럽게 반죽을 늘린다.

㉓ 전처리한 마늘을 올린다.

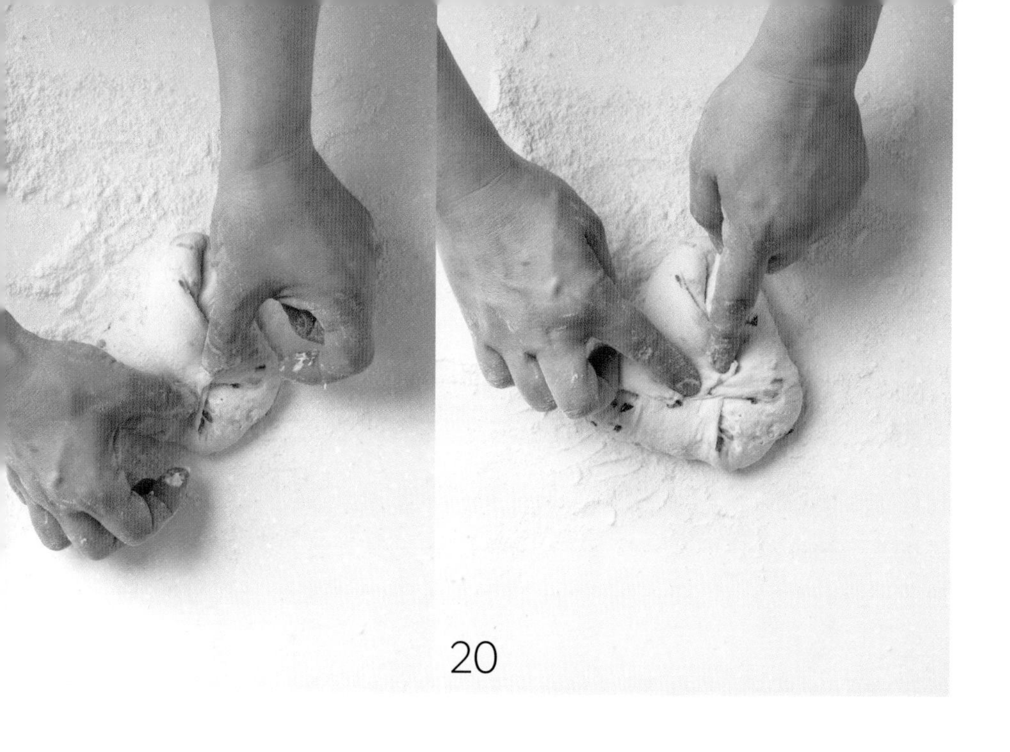

20

포카치아 반죽
삼각형으로 성형하기

㉔ 할라피뇨를 올린다.

㉕ 전처리한 쪽파를 올린다.

㉖ 슈레드 에멘탈을 올린 후 27℃-75% 발효실에서 약 20분간 2차 발효한 후, 데크 오븐 기준 윗불 250℃-아랫불 210℃에 넣고 스팀을 약 3~4초간 주입한 후 12분간 굽는다.

POINT ◎ 컨벡션 오븐의 경우 250℃로 예열된 오븐에 넣고 스팀을 3회(총 4초) 주입한 후 190℃로 낮춰 12분간 굽는다.

◎ 우녹스 오븐처럼 스팀을 주는 기능이 %로 되어 있는 경우 반죽을 넣기 전 80%로 설정하고, 습기가 차면 반죽을 넣고 볼륨이 올라오는 시점에서 스팀을 0%로 조정한다.

◎ 구워져 나온 포카치아 표면에 올리브오일을 바른다.

25

26

How to make 전처리한 마늘 & 마늘 오일

1

2

3

1. 오븐용 그릇에 모든 재료를 담는다.
2. 160℃에서 16분간 굽는다.
3. 체에 걸러 식힌 후 사용한다.

POINT 전처리한 마늘은 토핑에 사용한다.
걸러진 마늘 오일은 반죽에 사용하며 양파를 볶을 때 사용해도 좋다.

How to make 전처리한 쪽파

1

2

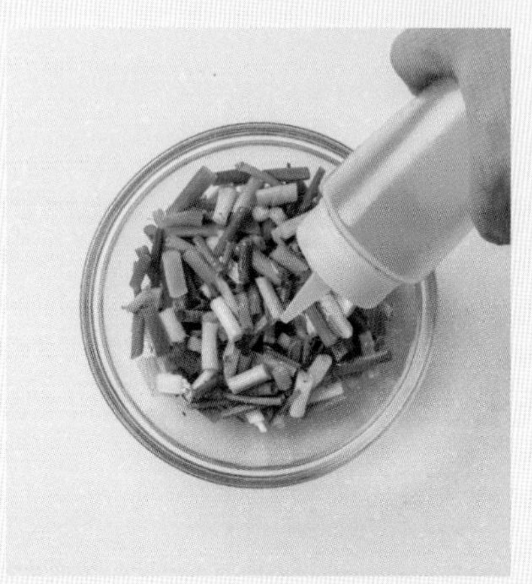

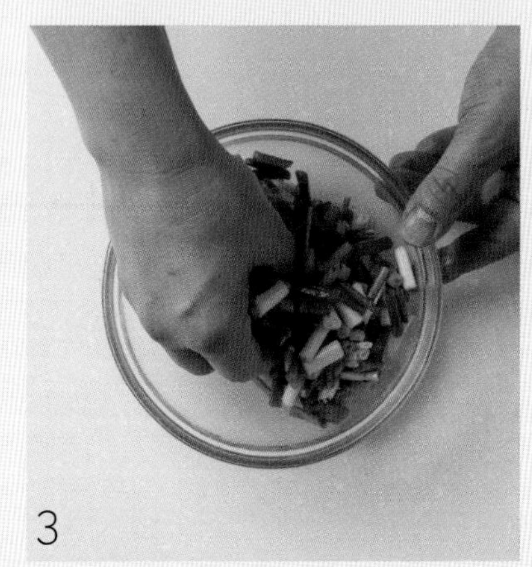
3

❶ 쪽파를 손가락 한 마디 정도의 길이로 썬다.

❷ 소금, 후추, 올리브오일을 뿌린다.

❸ 골고루 섞은 후 사용한다.

05

TRUFFLE FOCACCIA

트러플 포카치아

버섯은 개인적으로도 참 좋아해 빵을 만들 때 자주 사용하는 재료 중 하나다. 여기에서는 생크림을 베이스로 한 버섯 소스를 반죽에 넣고, 트러플의 은은한 향이 느껴지도록 반죽에도 바르고 구워 버섯의 깊은 풍미를 강조했다. 그리고 버섯을 가득 올려 맛과 함께 씹는 식감까지 더했다. 토핑으로 올린 루꼴라와 발사믹 글레이즈는 버섯과 가장 잘 어울리는 재료인 만큼 누구나 한번 먹고 나면 감동할만한 대중적인 맛의 포카치아다.

풀리시

150g
약 13개

DECK
260°C / 210°C 5분
250°C / 210°C 5분

CONVECTION
250°C → 220°C 5분
230℃ 5분

Process

풀리시 반죽 준비
→ 본반죽 믹싱 (최종 반죽 온도 24~25℃)
→ 1차 발효 (25℃ - 75% - 20분)
→ 폴딩
→ 1차 저온 발효 (8℃ - 12~15시간)
→ 16℃로 온도 회복
→ 분할 (150g)
→ 벤치타임 (27℃ - 75% - 40분)
→ 성형
→ 토핑
→ 초벌 굽기
→ 토핑
→ 굽기

Ingredients

풀리시 반죽 ● (204p 참고)

강력분 (코끼리)	400g
물	400g
이스트 (saf 세미 드라이 이스트 레드)	2g
TOTAL	**802g**

버섯 토핑 ● (251p 참고)

버섯	600g
소금	2g
후추	0.8g
올리브오일	50g

버섯 소스 ● (250p 참고)

양송이	240g
생크림	200g
동물성 휘핑크림 (MILRAM, 35%)	100g
소금	적당량
후추	적당량
그라나파다노 분말	40g
트러플 소스 (ARTIGIANI DEL TARTUFO)	10g

본반죽

풀리시 반죽 ●	전량
실버스타 밀가루 (로저스)	400g
T65 밀가루 (지라도)	200g
이스트 (saf 세미 드라이 이스트 레드)	1g
물 (30℃)	370g
소금	18g
조정수	140g
버섯 소스 ●	60g
올리브오일	60g
트러플 오일	5g
TOTAL	**2056g**

토핑

슈레드 파르메산, 에담치즈, 그라노파다노(분말, 블럭), 발사믹 글레이즈, 루꼴라 적당량

1
2
3
4
5
6
7
8

How to make

본반죽

❶ 믹싱볼에 풀리시 반죽, 실버스타 밀가루, T65 밀가루, 이스트, 물을 넣는다.

POINT 이스트는 30~35℃에서 가장 활발하게 활동한다. 얼음물이나 뜨거운 물을 사용할 경우 이스트의 일부가 사멸할 수 있으므로, 이스트를 풀어주는 물의 온도를 잘 맞춰주는 것이 중요하다.

❷ 저속(약 3분) - 중속(약 1분)간 믹싱한다.

❸ 반죽에 물기가 보이지 않고 어느 정도의 탄력이 생기면 소금을 넣는다.

❹ 저속(약 1분) - 중속(약 3분)간 믹싱한다.

❺ 반죽이 볼 바닥에서 떨어지는 상태가 되면 조정수 140g을 3~4분간 천천히 흘려가며 믹싱한다.

POINT ◍ 조정수는 한 번에 다 넣기보다는 일부를 남겨두고 반죽의 되기를 확인하며 추가한다. 조정수는 밀가루 1,000g 기준 1회에 20g 이상을 사용하지 않도록 한다. 따라서 140g의 조정수는 최소 7회로 나눠가며 반죽에서 서서히 수화시켜주는 것이 중요하다.

◍ 사용하는 밀가루나 작업 환경이 바뀔 경우 사용하는 조정수의 양도 늘어나거나 줄어들 수 있으므로, 항상 반죽의 상태를 확인하며 조정수의 양을 조절한다.

❻ 조정수가 반죽에 모두 흡수되면 버섯 소스를 넣고 믹싱한다.

❼ 버섯 소스가 골고루 섞이면 올리브오일과 트러플오일을 약 3분간 천천히 흘려가며 믹싱한다.

POINT 올리브오일은 믹싱볼 벽면에 흘리면서 천천히 넣어준다.

❽ 최종 반죽 온도는 24~25℃가 이상적이며 반죽은 매끄럽고 윤기가 흐르는 상태다.

POINT 최종 반죽의 온도가 낮거나 높은 경우 발효 시간은 늘어나거나 줄어들 수 있다. 그렇기 때문에 반죽이 끝나고 최종 온도 체크를 하는 것은 저온 발효 후 정상적인 제품을 생산하기 위한 아주 중요한 공정이다.

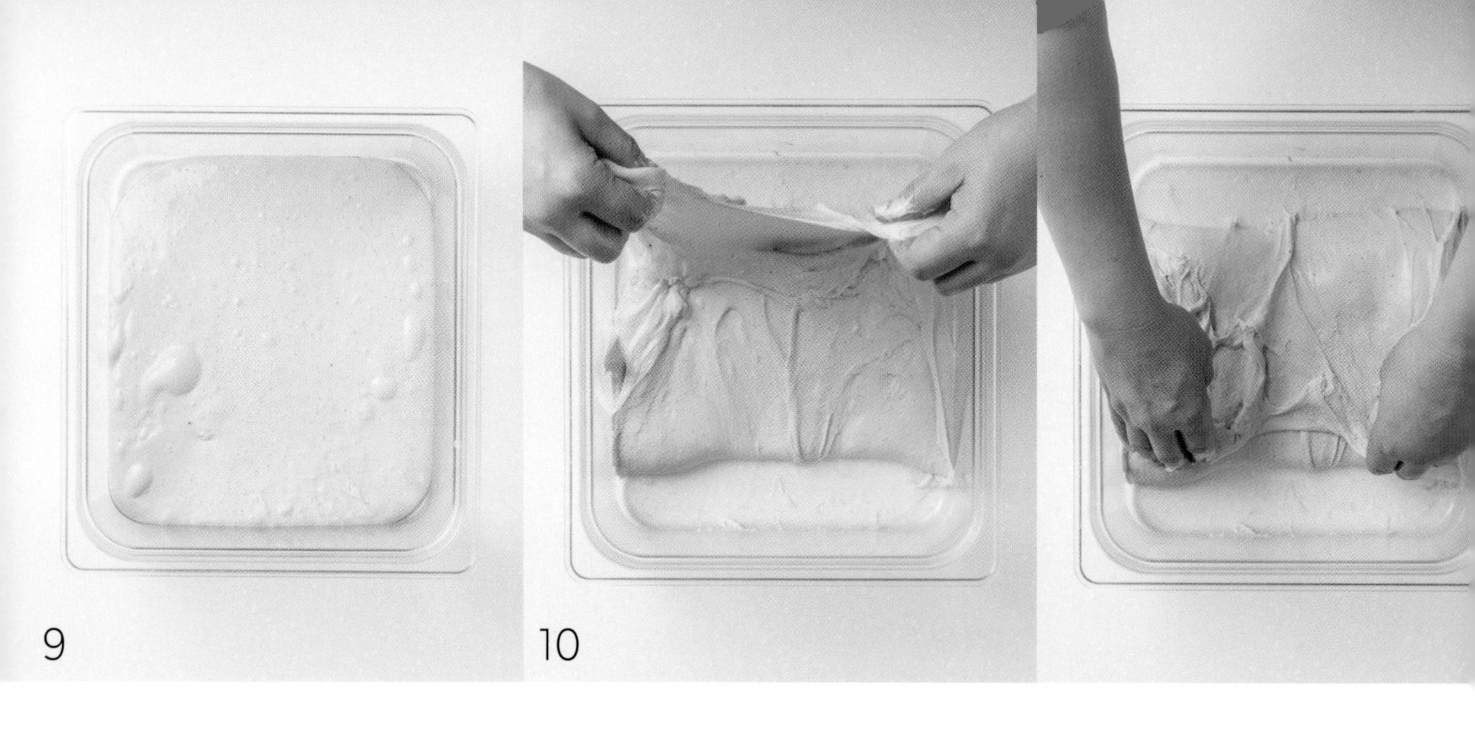

How to make

❾ 올리브오일을 바른 브레드박스로 반죽을 옮긴 후 25℃-75% 발효실에서 약 20분간 1차 발효한다.

POINT ▨ 여기에서는 32.5×35.3×10cm 크기의 브레드박스를 사용했다.

▨ 풀리시 제법으로 만든 포카치아는 발효력이 좋기 때문에 이 과정에서 시간이 오버되지 않도록 주의한다. 만약 20분 이상 시간이 오버되었다면, 폴딩한 후 잠시 냉동고에 넣어 빠르게 온도를 낮춰준 후 다시 저온(냉장)에 두고 발효한다.

❿ 반죽을 상하좌우로 4번 폴딩한다.

⓫ 8℃에서 12~15시간 저온 발효한다.

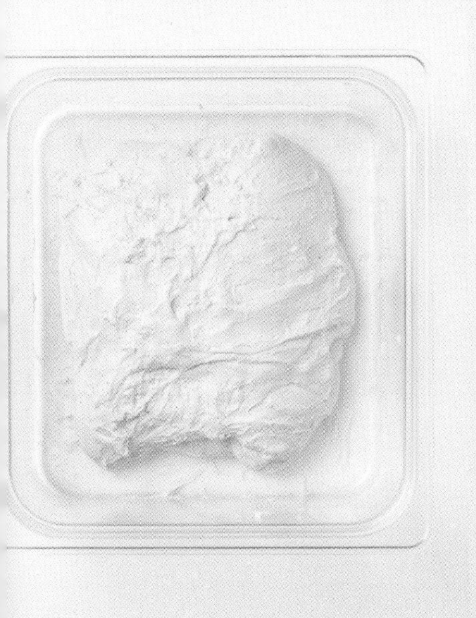

⑫ 반죽을 실온에 두고 16℃로 온도가 회복되면 작업대에 반죽을 옮긴다.

POINT 이때 반죽이 달라붙지 않도록 반죽 윗면과 작업대에 덧가루를 뿌린 후 반죽을 옮긴다. 반죽의 온도가 16℃가 되면 작업이 가능하며, 20℃까지는 포카치아를 정상적으로 만드는 데 지장이 없다.

⑬ 반죽을 150g으로 분할한다.

⑭ 반죽을 가볍게 둥글리기한다.

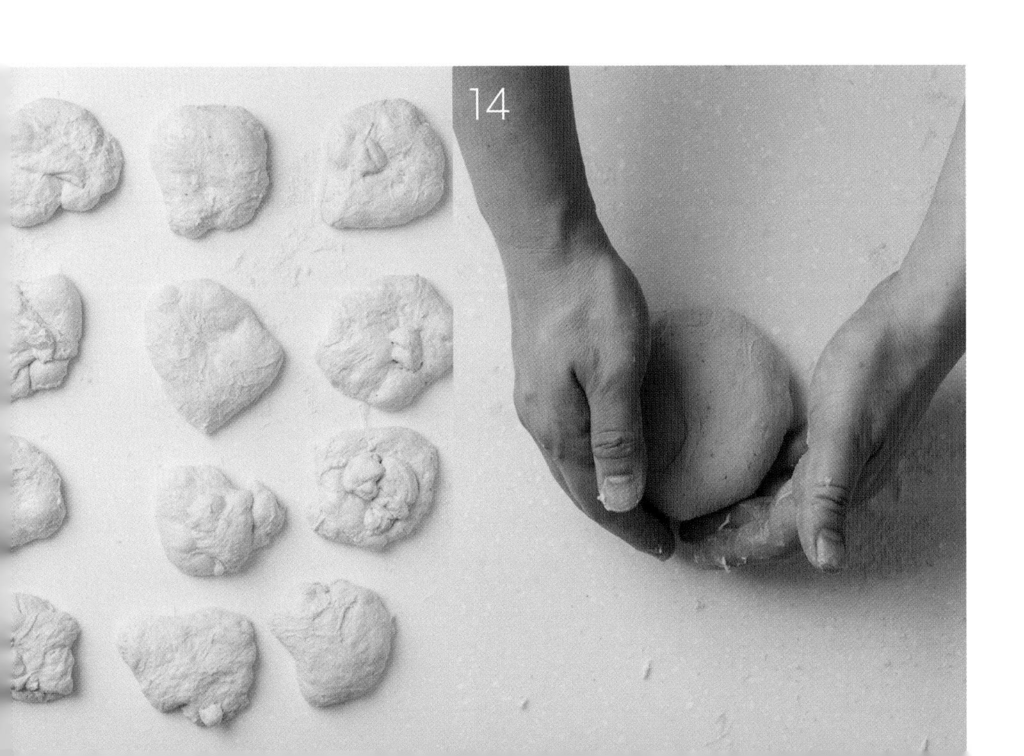

⑮ 테프론시트를 깐 나무판에 팬닝한다.

⑯ 27℃-75% 발효실에서 약 40분간 벤치타임을 준다.

⑰ 반죽 윗면에 올리브오일을 골고루 바른다.

⑱ 손가락으로 자연스럽게 반죽을 늘린다.

POINT 성형하는 과정에서 반죽 가장자리를 살짝 도톰하게 만들면 좀 더 먹음직스러운 모양으로 완성된다.

⑲ 버섯 소스를 22g씩 바른다.

⑳ 슈레드 파르메산, 적당한 크기로 자른 에담치즈를 올린다.

POINT 사용하는 치즈는 취향에 따라 선택해도 좋다.

19

20

21 데크 오븐 기준 윗불 260℃-아랫불 210℃에 넣고 스팀을 약 3~4초간 주입한 후 5분간 굽는다.

POINT 컨벡션 오븐의 경우 250℃로 예열된 오븐에 넣고 스팀을 3회(총 4초) 주입한 후 220℃로 낮춰 5분간 굽는다.

22 버섯 토핑을 60g씩 올린다.

23 그라나파다노 분말을 뿌린다.

24 데크 오븐 기준 윗불 250℃-아랫불 210℃에 넣고 5분간 굽는다. 이때 철판 위에 포카치아를 올려 구워야 좀 더 부드러운 포카치아로 완성된다.

POINT
- 컨벡션 오븐의 경우 230℃로 예열된 오븐에 넣고 5분간 굽는다.
- 구워져 나온 포카치아 표면에 올리브오일을 바른다.
- 매장에 진열하기 직전 혹은 먹기 직전 발사믹 글레이즈를 뿌리고 루꼴라를 올린 후 그라나파다노를 강판에 갈아 뿌린다.

포카치아 반죽
원형으로 성형하기

How to make 버섯 소스

❶ 냄비에 적당한 크기로 자른 양송이, 생크림, 휘핑크림, 소금, 후추를 넣는다.

POINT 휘핑크림은 생크림으로 대체할 수 있다.

❷ 주걱으로 저어가며 중불로 가열한다.

❸ 총 중량이 350~360g으로 졸아들면 불에서 내린다.

❹ 볼에 **3**과 그라노파다노 분말, 트러플 소스를 넣고 바믹서로 갈아 사용한다.

How to make 버섯 토핑

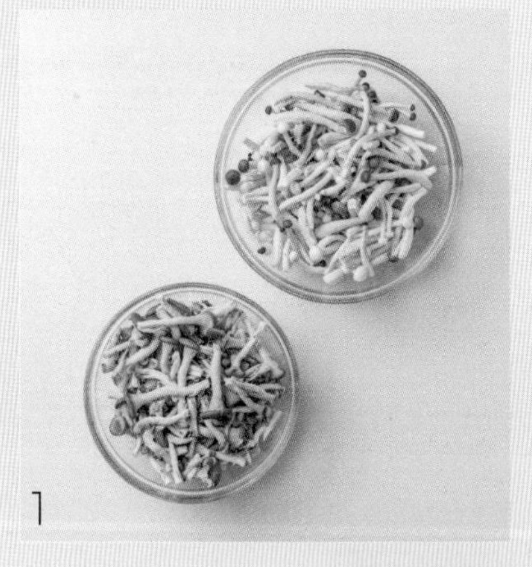

1

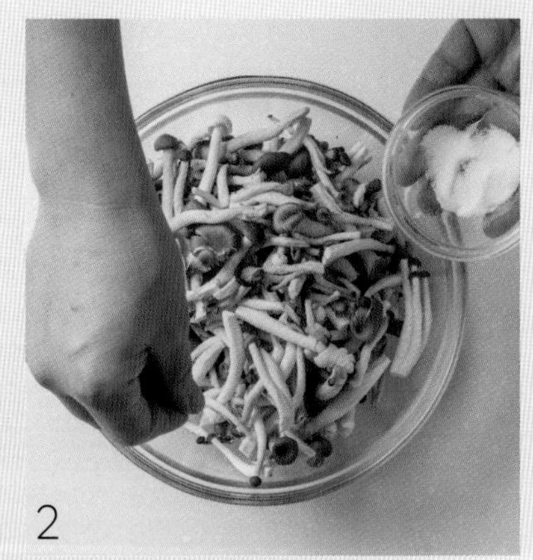

2

3

❶ 깨끗이 손질한 버섯을 적당한 크기로 갈라 준비한다.

POINT 사용하는 버섯은 취향에 따라 선택한다.

❷ 소금, 후추, 올리브오일을 뿌린다.

❸ 골고루 섞은 후 사용한다.

“

이 책에서는 백만송이버섯과
느타리버섯을 섞어 토핑으로 사용했다.
계절에 따라 제철 버섯을 사용하거나,
좋아하는 버섯을 선택해도 좋다.

”

FOCA

CCIA

PART 9

포카치아 응용 레시피

"

이 책에서 소개하는 포카치아 샌드위치는
앞서 소개한 포카치아 반죽 어느 것이든
사용할 수 있다. 여기에서는 비가가 들어간
기본 포카치아 반죽을 60~80g으로
분할해 사용했다.

"

basic

파베이크 이해하기

파베이크는 요즘 많은 베이커리에서 활용하는 방법으로 인력 부족으로 인한 생산성 하락으로 현장에서 유용하게 적용할 수 있는 방법 중 하나다. 파베이크를 활용했을 때 가장 활용도가 높은 제품은 샌드위치류 또는 레스토랑에서 식전빵 용도로 사용하는 제품이다.

80g의 포카치아 반죽 파베이킹하기

① 80g으로 분할해 둥글게 성형한 반죽을 윗불 260℃, 아랫불 220℃에서 6분간 굽는다.

→ 컨벡션 오븐의 경우 250℃로 예열된 오븐을 210℃로 낮춰 6분간 굽는다.
(구운 후의 무게는 65.9g이다.)

② 구워져 나온 포카치아는 식힌 후 공기가 통하지 않게 랩으로 싸고 밀봉해 냉동실에 보관한다.

→ 이때 급속냉동고에서 냉동한 후 -20℃에서 보관한다면 더 좋은 상태로 유지할 수 있다.
실온에서 해동한다.

③ 처음 구웠을 때와 동일한 온도에서 조금 더 굽는다.
(여기에서는 수분이 3.4g 날아갈 때까지 구웠다. 최종 무게는 62.5g이다.)

→ 굽는 시간과 온도는 원하는 식감에 따라 개인차가 있을 수 있다. 또한 냉동 상태로 오래 보관해 빵의 수분이 날아간 경우에도 차이가 생길 수 있다.

FOCACCIA (HOT) SANDWICH 01

CAPRESE FOCACCIA SANDWICH

카프레제 포카치아 샌드위치

반으로 자른 포카치아에 마리나라 소스를 바르고 각종 채소와 치즈를 넣고 구워 따뜻하게 먹는 샌드위치다. 지금은 베이커리나 카페에서 흔히 볼 수 있는 샌드위치이지만 속재료가 적게 들어가는 만큼 맛의 균형을 맞추기 쉽지 않은 메뉴이기도 하다. 직접 만든 마리나라 소스를 바질 페스토와 함께 사용해 더 깊고 풍부한 맛을 낸다.

Ingredients

마요네즈 & 머스터드 소스 ●

마요네즈	100g
디종 머스터드	15g

How to make

볼에 마요네즈, 디종 머스터드를 넣고 섞는다.

POINT ● 씨가 있는 머스터드를 선호한다면 홀그레인 머스터드로 대체한다.
● 머스터드의 풍미를 더 진하게 표현하고 싶다면 머스터드의 양을 2배로 늘린다.
● 꿀 10g 또는 메이플 시럽 10g을 추가하면 다른 종류의 샌드위치에도 두루 사용하기 좋은 좀 더 달콤한 소스로 완성된다.

마리나라 소스 ●

올리브오일	15g
냉동 샬롯	80g
다진 마늘	5g
쉐어드토마토	400g
바질	2g
오레가노	0.5g
소금	적당량
후추	적당량

❶ 팬에 올리브오일을 두른 후 열기가 오르면 냉동 샬롯을 넣고 주걱으로 섞어가며 가열한다.

❷ 냉동 샬롯이 노릇하게 익으면 다진 마늘을 넣고 주걱으로 섞어가며 가열한다.

POINT 냉동 샬롯은 팬이 달궈질 때쯤 냉동실에서 꺼내 냉동 상태 그대로 사용한다.

❸ 다진 마늘이 익으면 쉐어드토마토를 넣고 가열한다.

❹ 한번 끓어오르면 바질, 오레가노, 소금, 후추를 넣고 섞은 후 끓어오르기 시작하면 불에서 내려 식힌 후 사용한다.

POINT 바질은 생 잎 또는 냉동 제품 모두 사용 가능하다.

CAPRESE FOCACCIA SANDWICH

Ingredients

카프레제 포카치아 샌드위치
(1개 분량)

포카치아	1개
마요네즈&머스터드 소스 ●	10g
슬라이스한 토마토	2장
마리나라 소스 ●	15g
프레시 모차렐라	20g
바질페스토	3.5g
루꼴라	3g
파르메산 분말	3g

* 여기에서는 80g으로 분할해 둥글게 성형해 만든 포카치아를 사용했다.

How to make

❶ 지름 10cm 크기의 포카치아를 반으로 자른다.

POINT 냉동 상태의 포카치아를 사용할 경우 220℃로 예열된 오븐에서 약 2분간 구운 후 사용한다.

❷ 포카치아에 마요네즈&머스터드 소스를 10g씩 바른다.

POINT 양쪽 포카치아 단면에 모두 바른다.

❸ 슬라이스한 후 수분을 제거한 토마토를 2장(크기가 작은 경우 3장) 올린다.

❹ 마리나라 소스를 15g씩 바른다.

❺ 프레시 모차렐라를 얇게 잘라 20g씩 올린다.

❻ 바질페스토를 3.5g씩 짜준다.

❼ 루꼴라를 3g씩 올린다.

❽ 파르메산 분말을 3g씩 뿌린다.

❾ 뚜껑을 덮어 마무리한다.

POINT 200℃로 예열된 오븐에서 약 4분간 구워 포카치아가 바삭한 상태로 서빙한다.

CAPRESE FOCACCIA SANDWICH

SPINACH & BACON FOCACCIA SANDWICH

시금치 & 베이컨 포카치아 샌드위치

신선한 시금치를 듬뿍 넣고 두 가지 드레싱, 토마토와 베이컨, 그라나파다노를 함께 곁들인 특별한 샌드위치다. 작은 샌드위치이지만 속재료를 듬뿍 넣어 한 끼 식사로도 좋은 건강한 메뉴다.

Ingredients

마요네즈 & 라임 드레싱 ●

마요네즈	24g
라임주스 (GIROUX)	10g
레몬즙	2g
설탕	9g
소금	1g

발사믹 드레싱 ●

발사믹 비네거	30g
메이플 시럽	20g
꿀	20g
올리브오일	10g

How to make

볼에 모든 재료를 넣고 섞는다.

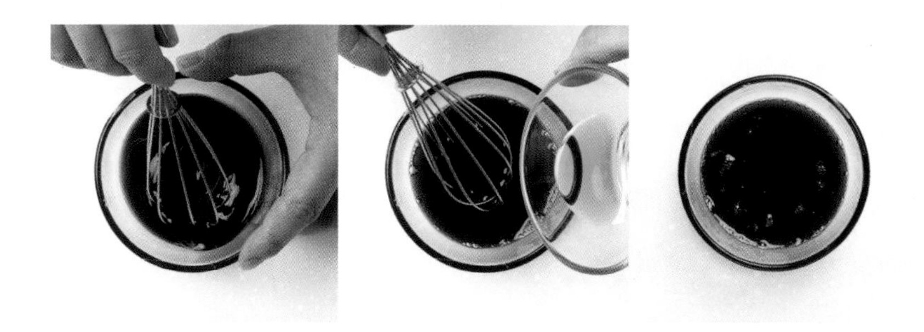

❶ 볼에 발사믹 비네거, 메이플 시럽, 꿀을 넣고 섞는다.

❷ 올리브오일을 서서히 흘려가며 섞는다.

SPINACH & BACON FOCACCIA SANDWICH

Ingredients

시금치 & 베이컨 포카치아 샌드위치
(1개 분량)

포카치아	1개
시금치	30g
방울토마토	20g
구운 베이컨	10g
발사믹 드레싱 ●	9g
마요네즈 & 라임 드레싱 ●	11g
파르메산	2.5g

* 여기에서는 80g으로 분할해 둥글게 성형해 만든 포카치아를 사용했다.

토핑

4등분한 방울토마토, 구운 베이컨, 발사믹 드레싱, 파르메산 적당량

How to make

❶ 지름 10cm 크기의 포카치아를 깊숙이 자른 후 펼친다.

POINT 냉동 상태의 포카치아를 사용할 경우 220℃로 예열된 오븐에서 약 2분간 구운 후 사용한다.

❷ 시금치를 20g씩 올린다.

❸ 4등분한 방울토마토를 20g씩 올린다.

❹ 구운 베이컨을 10g씩 올린다.

POINT 베이컨은 중간 정도의 식감으로 구운 후 얇게 썰어 기름기를 제거해 사용한다.

❺ 발사믹 드레싱을 5g씩, 마요네즈 & 라임 드레싱을 7g씩 뿌린다.

❻ 강판에 간 파르메산을 2.5g씩 올린다.

❼ 시금치를 10g씩 올린다.

❽ 발사믹 드레싱을 4g씩, 마요네즈 & 라임 드레싱을 4g씩 뿌린다.

❾ 뚜껑을 덮고 4등분한 방울토마토, 구운 베이컨, 발사믹 드레싱, 강판에 간 파르메산을 옆면에서도 보이게 토핑해 마무리한다.

SPINACH & BACON FOCACCIA SANDWICH

WHOLE MUSCLE HAM & CARROT RAPEES FOCACCIA SANDWICH

훌 머슬 햄 & 당근 라페 포카치아 샌드위치

얇게 슬라이스한 부드러운 훌 머슬 햄과 당근 라페를 샌드위치 속에 두툼하게 넣어 만들었다. 직접 만들어 더 맛있는 당근 라페는 샌드위치의 속재료로도, 샌드위치와 곁들이는 사이드 메뉴로도 손색이 없다. 오도독 씹히는 당근의 식감과 새콤달콤한 맛이 매력적인 메뉴다.

Ingredients

크림치즈 소스 ●

크림치즈 (kiri)	100g
디종 머스터드	15g
꿀	8g

머스터드 소스 ●

마요네즈	40g
옐로우 머스터드	20g
설탕	4g

How to make

볼에 크림치즈, 디종 머스터드, 꿀을 넣고 섞는다.

볼에 마요네즈, 옐로우 머스터드, 설탕을 넣고 섞는다.

WHOLE MUSCLE HAM & CARROT RAPEES FOCACCIA SANDWICH

Ingredients

칠리 마요 소스

칠리 소스 (MILLERS HOT & SWEET SAUCE)	15g
마요네즈	15g

당근 라페

채 썬 당근	100g
설탕	30g
소금	2g
식초	8g
홀그레인 머스터드	3g
올리브오일	4g

How to make

볼에 칠리 소스, 마요네즈를 넣고 섞는다.

❶ 볼에 얇게 채 썬 당근, 설탕, 소금, 식초를 넣고 버무린 후 30분간 실온에 두고 절여준다.

POINT 썰어진 당근의 두께에 따라 절이는 시간이 달라지므로 최대한 일정한 두께로 채를 썰고 절여지는 시간을 확인한다.

❷ 절여진 당근을 손으로 꼭 짜 수분을 완전히 제거한다.

POINT 당근에 남아 있는 당분과 염분으로 인해 전체적인 맛에 영향을 줄 수 있으므로 수분을 완전히 제거하는 것은 아주 중요한 공정이다. 야채용 탈수기를 사용하는 것도 좋은 방법이다.

❸ 홀그레인 머스터드, 올리브오일을 넣고 버무린다.

훌 머슬 햄 & 당근 라페 포카치아 샌드위치 (1개 분량)

포카치아	1개
크림치즈 소스 ●	40g
프릴아이스	2장
로메인	2장
슬라이스한 양파	3개
슬라이스한 토마토	3개
소금	적당량
칠리 마요 소스 ●	14g
머스터드 소스 ●	5g
훌 머슬 햄	50g
후추	적당량
당근 라페 ●	22g
채 썬 양상추	10g

* 여기에서는 80g으로 분할해 둥글게 성형해 만든 포카치아를 사용했다.

❶ 지름 10cm 포카치아를 반으로 자른다.

POINT 냉동 상태의 포카치아를 사용할 경우 220℃로 예열된 오븐에서 약 2분간 구운 후 사용한다.

❷ 크림치즈 소스를 아래쪽 포카치아에 25g, 위쪽 포카치아에 15g을 바른다.

❸ 프릴아이스 2장, 로메인 2장을 올린다.

❹ 슬라이스한 양파 3개, 토마토 3개를 올린 후 약간의 소금을 뿌린다.

❺ 칠리 마요 소스를 7g씩, 머스터드 소스를 5g씩 짠다.

❻ 훌 머슬 햄을 50g 올린 후 약간의 후추를 뿌린다.

POINT 훌 머슬 햄은 적당한 크기로 뜯어 볼륨 있게 올린다.

❼ 당근 라페를 22g 올린다.

❽ 채 썬 양상추를 10g 올리고 칠리 마요 소스를 7g 올린다.

POINT 양상추는 잘게 채 썰어 사용한다.

❾ 포카치아를 덮어 마무리한다.

COTTO HAM FOCACCIA SANDWICH

코토햄 포카치아 샌드위치

이탈리아의 스펙 코토햄을 듬뿍 넣어 만든 도톰한 샌드위치다. 올리브 소스와 바질 마요 소스, 비네거 드레싱을 사용해 상큼하고 새콤한 맛을 더한 깔끔한 맛을 느낄 수 있다.

Ingredients

올리브 소스 ●

다진 블랙올리브	10g
올리브오일	5g

바질 마요 소스 ●

바질페스토	20g
마요네즈	30g

How to make

볼에 잘게 다진 블랙올리브와 올리브오일을 넣고 섞는다.

볼에 바질페스토와 마요네즈를 넣고 섞는다.

COTTO HAM FOCACCIA SANDWICH

Ingredients

비네거 드레싱

홍피망	15g
청피망	15g
노랑 파프리카	15g
양파	45g
화이트와인 비네거	15g
설탕	15g
올리브오일	15g

How to make

1. 볼에 작게 깍둑 썬 홍피망, 청피망, 노랑 파프리카, 양파를 담아 준비한다.
2. 볼에 화이트와인 비네거, 설탕을 넣고 섞는다.
3. 설탕 입자가 느껴지지 않을 정도로 섞이면 올리브오일을 서서히 흘려 넣어가며 섞는다.
4. 1에 **3**을 넣고 골고루 섞는다.

POINT 비네거 드레싱은 하루 전날 준비해야 재료에 맛이 스며들어 더 맛있게 먹을 수 있다.

코토햄 포카치아 샌드위치
(1개 분량)

포카치아	1개
바질 마요 소스 ●	15g
로메인	2장
양상추	2장
슬라이스한 양파 (양파 링)	5개
슬라이스한 토마토	2개
비네거 드레싱 ●	15g
코토햄	50g
루꼴라	3줄기
올리브 소스 ●	5g
파르메산	3g

*** 여기에서는 80g으로 분할해 둥글게 성형해 만든 포카치아를 사용했다.**

❶ 지름 10cm 포카치아를 반으로 자른 후 바질 마요 소스 15g을 바른다.

POINT 냉동 상태의 포카치아를 사용할 경우 220℃로 예열된 오븐에서 약 2분간 구운 후 사용한다.

❷ 로메인 2장, 양상추 2장을 올린다.

❸ 슬라이스한 양파(양파 링 5개)와 슬라이스한 토마토 2개를 올린다.

POINT 토마토는 슬라이스한 후 물기를 제거해 사용한다.

❹ 비네거 드레싱 15g을 올린다.

❺ 코토햄 50g을 올린다.

POINT 코토햄은 적당한 크기로 뜯어 볼륨 있게 올린다.

❻ 루꼴라 3줄기(약 8g)을 올린다.

❼ 올리브 소스 5g을 올린 후 강판에 간 파르메산 3g을 올린다.

❽ 포카치아를 덮어 마무리한다.

FOCACCIA (COLD) SANDWICH 05

PULLED PORK MINI FOCACCIA SANDWICH

풀드 포크 미니 포카치아 샌드위치

바비큐 맛의 풀드 포크를 매콤한 소스에 버무려 한국인의 입맛에 맞춰 느끼함이 없는 샌드위치로 만들어본 메뉴다. 여기에 구운 감자와 코우슬로를 더해 자칫 무겁게 느껴질 수 있는 풀드 포크의 맛을 산뜻하게 잡아주었다.

Ingredients

구운 감자 ●

감자	1개
소금	적당량
후추	적당량
허브 믹스	적당량
올리브오일	적당량

바비큐 풀드 포크 충전물 ●

바비큐 풀드 포크 (에쓰푸드)	60g
칠리 소스 (MILLERS HOT & SWEET SAUCE)	4g

How to make

❶ 감자는 깨끗이 씻고 물기를 제거한 후 껍질을 살려 웨지 감자 모양으로 8등분한 후 소금, 후추, 허브 믹스, 올리브오일을 뿌려 간을 맞춘다.

❷ 감자에 골고루 묻도록 버무린다.

❸ 220℃로 예열된 오븐에서 약 7분간 노릇하게 굽는다.

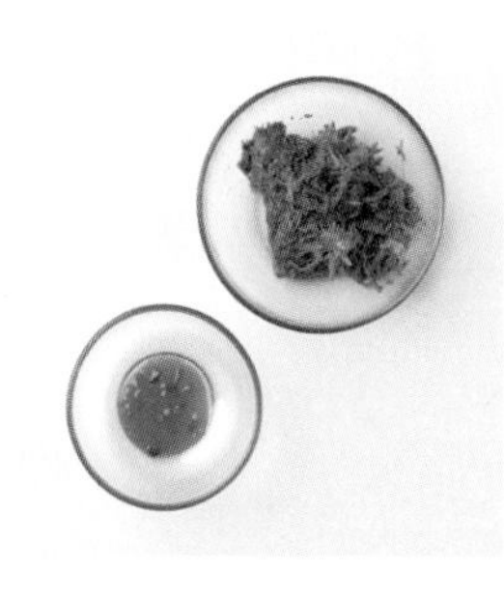

볼에 바비큐 풀드 포크, 칠리 소스를 넣고 골고루 섞는다.

PULLED PORK MINI FOCACCIA SANDWICH

Ingredients

코우슬로우

양배추	75g
양파	25g
당근	10g
화이트와인 비네거	8g
소금	3g
설탕A	4g
마요네즈	15g
홀그레인 머스터드	3g
꿀	2g
설탕B	2g
레몬즙	3g
사워크림	4g

How to make

❶ 볼에 잘게 채 썬 양배추, 양파, 당근, 화이트와인 비네거, 소금, 설탕A를 넣고 골고루 버무린다.

POINT 양배추, 양파, 당근은 깨끗이 씻어 물기를 제거한 후 잘게 채 썰어 사용한다.

❷ 실온에 약 20분간 두어 절여준다.

❸ 손으로 꼭 짜 수분을 완전히 제거한다.

POINT 야채에 남아 있는 당분과 염분으로 인해 전체적인 맛에 영향을 줄 수 있으므로 수분을 완전히 제거하는 것은 아주 중요한 공정이다. 야채용 탈수기를 사용하는 것도 좋은 방법이다.

❹ 마요네즈, 홀그레인 머스터드, 꿀, 설탕B, 레몬즙, 사워크림을 섞어 코우슬로우 소스를 만든다.

❺ **3**에 **4**를 넣고 골고루 섞어 마무리한다.

발사믹 마요 소스

발사믹 글레이즈	20g
마요네즈	40g

볼에 발사믹 글레이즈, 마요네즈를 넣고 섞는다.

풀드 포크 미니 포카치아 샌드위치

미니 포카치아	1개
올리브오일	적당량
구운 감자 ●	4개
슬라이스 모차렐라	1장
바비큐 풀드 포크 충전물 ●	60g
칠리 소스 (MILLERS HOT & SWEET SAUCE)	4g
발사믹 마요 소스 ●	6g
코우슬로우 ●	40g

* 여기에서는 60g으로 분할해 둥글게 성형해 만든 포카치아를 사용했다.

1. 지름 약 8cm 미니 포카치아를 반으로 자른다.
2. 포카치아 양쪽 면에 올리브오일을 바른다.
3. 구운 감자 4개(약 43g)를 올린다.
4. 슬라이스 모차렐라 1장을 올린다.
5. 바비큐 풀드 포크 충전물 60g을 올린 후 220℃로 예열된 오븐에서 약 2분간 굽는다.
6. 칠리 소스 4g, 발사믹 마요 소스 6g을 짠다.
7. 코우슬로우 40g을 올린다.
8. 포카치아를 덮어 마무리한다.

RAGOUT SAUCE & ROASTED VEGETABLE FOCACCIA PIZZA

라구 소스 & 구운 채소 포카치아 피자

고기와 레드와인을 오랜 시간 끓여 만드는 라구 소스는 스파게티나 라자냐에도 많이 사용되는 활용도 높은 소스다. 라구 소스를 만들어 포카치아에 바르고 각종 채소와 치즈, 수제 소스로 마무리하면 근사한 오픈 샌드위치로 완성된다.

Ingredients

라구 소스 ●

올리브오일	60g
마늘	30g
로즈마리	3줄기
월계수잎	2장
양파	200g
당근	150g
표고버섯	70g
샐러리	100g
버터	30g
소금	6g
다진 소고기	200g
다진 돼지고기	200g
바비큐 소스 (Hunts)	100g
레드와인	100g
쉐어드토마토	400g
할라피뇨	100g
그라나파다노 분말	30g
가람마살라	2g
후추	적당량

How to make

❶ 팬에 올리브오일, 마늘, 로즈마리, 월계수잎을 넣고 중불에서 가열하며 향을 우린다.

POINT 마늘은 얇게 슬라이스해 사용한다.

❷ 양파, 당근, 표고버섯, 샐러리를 넣고 충분히 볶다가 모두 익으면 버터, 소금을 넣고 볶는다.

POINT 채소는 적당한 크기로 깍둑썰어 사용한다.

❸ 다진 소고기, 다진 돼지고기를 넣고 다시 한 번 소금(분량 외)과 후추로 간을 맞추고 볶는다.

❹ 고기가 익으면 바비큐 소스, 레드와인을 넣고 졸인다.

POINT 레드와인 대신 흑맥주를 사용해도 좋다.

❺ 충분히 졸아들면 쉐어드토마토, 적당한 크기로 자른 할라피뇨, 그라나파다노 분말, 가람마살라를 넣고 볶는다.

❻ 골고루 섞이면 마지막으로 소금(분량 외)과 후추로 간을 맞춰 마무리한다.

RAGOUT SAUCE & ROASTED VEGETABLE FOCACCIA PIZZA

Ingredients

랜치 소스

마요네즈	60g
사워크림	60g
양파	30g
다진 마늘	0.5g
설탕	5g
소금	1g
후추	약간

구운 야채

호박	적당량
당근	적당량
감자	적당량
가지	적당량
소금	적당량
후추	적당량
올리브오일	적당량

How to make

1. 볼에 모든 재료를 넣고 섞는다.
2. 핸드블렌더로 갈아 마무리한다.

1. 호박, 당근, 감자, 가지를 큼직하게 깍둑썰어 준비한다.
2. 소금, 후추, 올리브오일을 넣고 골고루 섞는다.
3. 유산지를 깐 철판에 펼친다.
4. 220℃로 예열된 오븐에서 약 5분간 굽는다.

라구 소스 & 구운 채소 포카치아

(1개 분량)

포카치아	1개
쉐어드토마토	25g
라구 소스 ●	65g
슬라이스 모차렐라	12g
슈레드 모차렐라	10g
구운 야채 ●	적당량
랜치 소스 ●	14g
어린잎 채소	4g
올리브오일	적당량
파르메산	적당량

* 여기에서는 10×10×1.5cm 크기로 자른 포카치아를 사용했다.

❶ 철판에 포카치아를 팬닝한 후 쉐어드토마토를 25g씩 바른다.

POINT 냉동 상태의 포카치아를 사용할 경우 220℃로 예열된 오븐에서 약 2분간 구운 후 사용한다.

❷ 라구 소스를 65g씩 바른다.

❸ 슬라이스 모차렐라는 12g씩, 슈레드 모차렐라는 10g씩 올린다.

❹ 220℃로 예열된 오븐에서 약 4분간 굽는다.

❺ 구운 야채를 적당량 올린다.

❻ 랜치 소스를 14g씩 짠다.

❼ 어린잎 채소를 4g씩 올린다.

❽ 올리브오일을 뿌린다.

❾ 강판에 간 파르메산을 뿌려 마무리한다.

LEEK & PEPPERONI FOCACCIA PIZZA

대파 & 페퍼로니 포카치아 피자

토마토 페스토를 스프레드로 사용하는 부르스케타를 떠올리며 만든 메뉴로, 대파를 사용해 이탈리아와 한국의 맛을 동시에 느낄 수 있게 만든 메뉴다. 토마토 페스토의 상큼하고 새콤한 맛과 페퍼로니의 조화, 그리고 구운 대파의 기분 좋은 단맛을 동시에 느낄 수 있다.

Ingredients

대파 토핑 ●

대파	150g
슈레드 모차렐라	40g
슈레드 멕시칸치즈	75g
올리브오일	15g
페퍼로니	280g
후추	적당량

토마토 페스토 ●

선드라이토마토 (네이처, 냉동 오븐 세미드라이토마토)	250g
다진 마늘	10g
그라나파다노 분말	70g
올리브오일	90g
통아몬드	60g
꿀	15g
후추	적당량

대파 & 페퍼로니 포카치아 피자
(1개 분량)

포카치아	1개
토마토 페스토 ●	30g
모차렐라 (슈레드, 슬라이스)	20g
대파 토핑 ●	50g
올리브오일	적당량
파르메산 분말	적당량

* 여기에서는 10×10×1.5cm 크기로 자른 포카치아를 사용했다.

How to make

볼에 모든 재료를 넣고 섞는다.

POINT 대파는 깨끗이 씻어 물기를 제거한 후 얇게 채 썰어 사용한다.

볼에 모든 재료를 넣고 핸드블렌더로 갈아준다.

POINT 통아몬드는 150℃로 예열된 오븐에서 약 8분간 노릇하게 구운 후 식혀 사용한다.

❶ 철판에 포카치아를 팬닝한 후 토마토 페스토를 30g씩 바른다.

POINT 냉동 상태의 포카치아를 사용할 경우 220℃로 예열된 오븐에서 약 2분간 구운 후 사용한다.

❷ 모차렐라를 20g씩 올린다.

❸ 대파 토핑을 50g씩 올린 후 220℃로 예열된 오븐에서 약 5분간 굽는다.

POINT 구워져 나온 포카치아에 올리브오일을 뿌리고 파르메산 분말을 뿌려 마무리한다.

LEEK & PEPPERONI FOCACCIA PIZZA

FOCACCIA PIZZA 03

EGGPLANT SPREAD FOCACCIA PIZZA

가지 스프레드 포카치아 피자

구운 가지와 크림치즈를 갈아 만든 스프레드가 맛의 포인트를 주는 포카치아 피자다. 가지 스프레드를 바른 포카치아에 신선한 채소를 듬뿍 올리고, 치즈와 허니 사워 소스로 한 번 더 포인트를 주었다.

Ingredients

가지 스프레드 ●

가지	350g
올리브오일	적당량
크림치즈	30g
파르메산 분말	12g
꿀	10g
소금	적당량
후추	적당량

How to make

❶ 깨끗이 씻어 물기를 제거한 가지를 철판에 팬닝한 후 정가운데에 칼집을 낸다.

❷ 칼집을 낸 가지 안쪽과 바깥쪽 모두 올리브오일을 뿌리고 골고루 발라준다.

❸ 220℃로 예열된 오븐에서 약 20분간 구운 후 구워져 나온 가지 표면을 토치로 살짝 그을려 스모키한 향을 준다.

❹ 구운 가지를 갈기 좋은 크기로 자른다.

POINT 가지의 껍질을 사용할 경우 어두운 색의 스프레드가 만들어진다. 밝은색의 깔끔한 스프레드를 원한다면 껍질을 제거해 사용한다.

❺ **4**에 크림치즈, 파르메산 분말, 꿀, 소금, 후추를 넣고 핸드블렌더로 갈아준다.

EGGPLANT SPREAD FOCACCIA PIZZA

Ingredients

구운 야채 ●

가지	적당량
미니 파프리카	적당량
호박	적당량
감자	적당량
후추	적당량
올리브오일	적당량
소금	적당량

허니 사워 소스 ●

사워크림	50g
꿀	5g

How to make

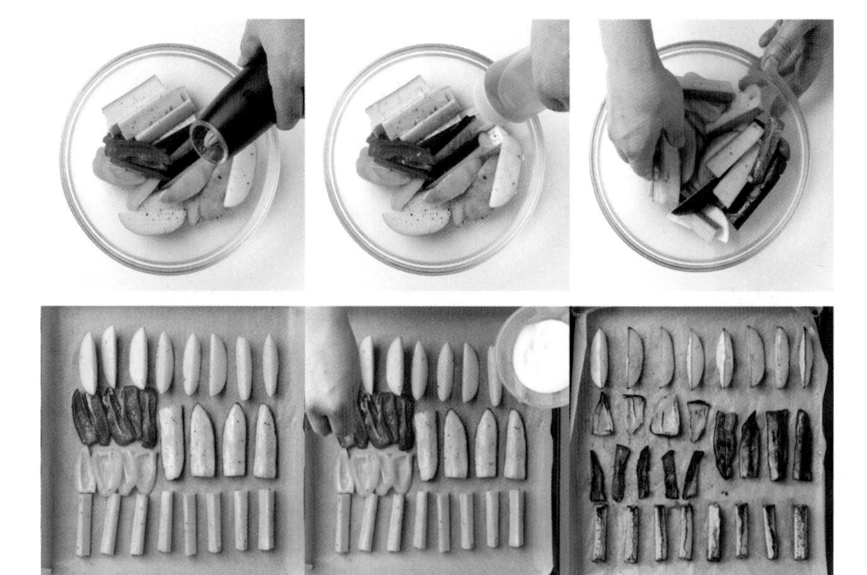

❶ 가지, 미니 파프리카, 호박, 감자를 큼직하게 자른 후 후추, 올리브오일을 넣고 골고루 섞는다.

POINT 감자는 껍질째 사용한다.

❷ 유산지를 깐 철판에 펼친다.

❸ 소금을 뿌린다.

❹ 220℃로 예열된 오븐에서 약 5분간 굽는다.

POINT 채소의 종류와 자른 크기에 따라 굽는 시간이 달라지므로 채소의 상태를 확인하면서 먼저 익은 순서로 오븐에서 꺼낸다. 여기에서는 가지 - 파프리카 - 호박 - 감자 순서로 오븐에서 꺼냈다.

볼에 사워크림, 꿀을 넣고 골고루 섞는다.

가지 스프레드 포카치아 피자

(1개 분량)

포카치아	1개
가지 스프레드 ●	30g
슈레드 모차렐라	26g
구운 야채 ●	적당량
브로콜리	적당량
프레시 모차렐라	10g
허니 사워 소스 ●	5g
래디시	적당량
어린잎 채소	적당량
루꼴라	적당량
올리브오일	적당량
파르메산	적당량

* 여기에서는 10×10×1.5cm 크기로 자른 포카치아를 사용했다.

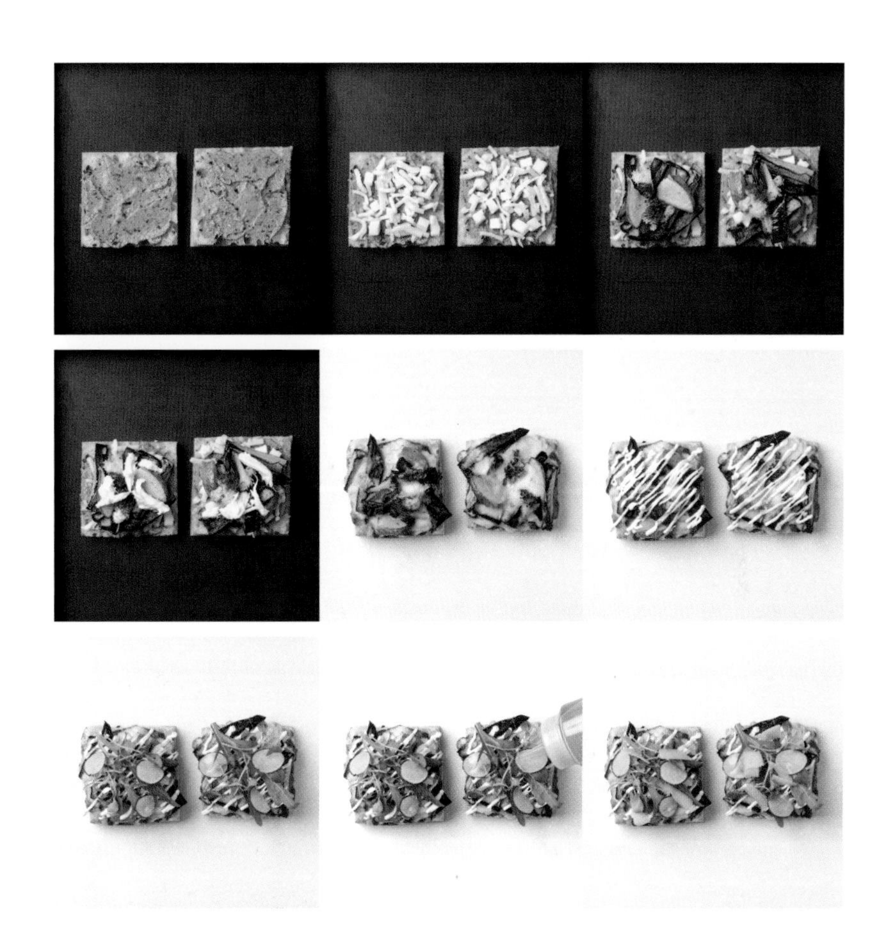

❶ 철판에 포카치아를 팬닝한 후 가지 스프레드를 30g씩 바른다.

POINT 냉동 상태의 포카치아를 사용할 경우 220℃로 예열된 오븐에서 약 2분간 구운 후 사용한다.

❷ 슈레드 모차렐라를 26g씩 올린다.

❸ 구운 야채(가지 2조각, 호박 3조각, 감자 3조각, 파프리카 2조각), 브로콜리를 올린다.

POINT 브로콜리는 깨끗이 씻어 물기를 제거한 후 적당한 크기로 갈라 사용한다.

❹ 프레시 모차렐라를 10g씩 올린다.

❺ 220℃로 예열된 오븐에서 약 4분간 굽는다.

❻ 허니 사워 소스를 5g씩 뿌린다.

❼ 얇게 슬라이스한 래디시, 어린잎 채소, 루꼴라를 올린다.

❽ 올리브오일을 뿌린다.

❾ 필러로 슬라이스한 파르메산을 올린다.

“

스모키한 맛과 향을 원할 경우
가지를 토치로 그을려 적당히 태워주고,
가지 본연의 맛을 원할 경우
오븐에서 구운 그대로 사용한다.

”

FOCACCIA PIZZA 04

TOMATO & BASIL FOCACCIA PIZZA

토마토 & 바질 포카치아 피자

토마토와 바질을 사용해 이탈리아의 맛을 느낄 수 있는 메뉴다. 포카치아에 마리나라 소스를 여유 있게 바르고 방울토마토와 올리브오일, 치즈를 뿌려 구운 후 바질로 마무리했다.

Ingredients

토마토 & 바질 샌드위치
(1개 분량)

포카치아	1개
마리나라 소스 ● (258p 참고)	40g
슈레드 모차렐라	30g
방울토마토	적당량
올리브오일	적당량
보코치니치즈	적당량
루꼴라	적당량
파르메산	적당량
생바질	적당량

*** 여기에서는 10×10×1.5cm 크기로 자른 포카치아를 사용했다.**

How to make

❶ 철판에 포카치아를 팬닝한 후 마리나라 소스를 40g씩 바른다.

POINT 냉동 상태의 포카치아를 사용할 경우 220℃로 예열된 오븐에서 약 2분간 구운 후 사용한다.

❷ 슈레드 모차렐라를 30g씩 올린다.

❸ 반으로 자른 방울토마토를 올린다.

❹ 올리브오일을 뿌린다.

❺ 220℃로 예열된 오븐에서 약 3분간 구운 후, 보코치니치즈를 올리고 다시 1분간 더 굽는다.

❻ 루꼴라, 필러로 슬라이스한 파르메산, 생바질을 올린 후 올리브오일을 뿌려 마무리한다.

POINT 바질의 향을 더 진하게 표현하고 싶다면 바질 페스토를 바르고 생바질을 올려준다.

“

이 책에서 소개하는 여러 가지 소스, 드레싱을 알맞게 조합하고

취향에 따라 혹은 계절에 따라 재료에 변화를 주면

다양한 스타일의 포카치아 피자로 응용할 수 있다.

”

PANZANELLA SALAD

판자넬라 샐러드

이탈리아 가정에서는 오래된 포카치아나 빵을 샐러드와 곁들여 즐긴다. 보통은 이탈리안 드레싱을 사용하지만 개인적으로 새콤달콤한 드레싱을 더 선호해 머스터드 드레싱을 사용했다. 이 샐러드에 사용하는 빵은 드레싱에 젖어도 무너지지 않는 쫄깃한 식감의 포카치아, 치아바타, 바게트, 베이글 종류가 잘 어울린다.

Ingredients

머스터드 드레싱 ●

디종 머스터드	7.5g
레몬즙	22.5g
레드와인비네거	15g
설탕	30g
다진 마늘	3.5g
소금	1.5g
후추	약간
올리브오일	50g

샐러드

그린빈	5개
프릴레터스	25g
로메인	25g
토마토 (중간 크기)	3개
어린잎 채소	10g
비타민	2줄기
블랙올리브	12g
포카치아	50g
머스터드 드레싱 ●	60g
파르메산	적당량

How to make

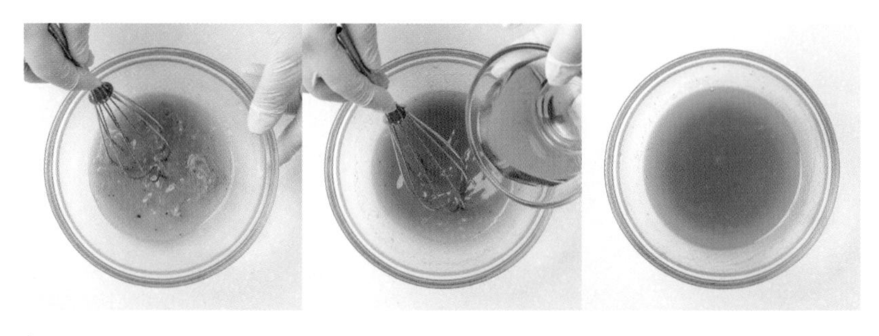

❶ 볼에 올리브오일을 제외한 모든 재료를 넣고 휘퍼로 섞는다.

❷ 올리브오일을 서서히 흘려가며 휘퍼로 섞는다.

❸ 완성된 머스터드 드레싱은 냉장고에서 보관하며 7일간 사용할 수 있다.

POINT 냉장고에서 보관한 드레싱은 오일이 굳어 있거나 수분과 분리되어 있는 상태이므로, 실온에 두고 충분히 흔들어(섞어) 사용한다.

❶ 볼에 머스터드 드레싱을 제외한 모든 재료를 담는다.

POINT ◎ 채소 잎과 토마토는 깨끗이 씻어 물기를 제거한 후 적당한 크기로 자른다.

◎ 포카치아는 소스를 흡수하므로 너무 작은 크기로 자르기보다는 사방 2cm 정도로 잘라 사용하는 것이 좋다.

◎ 채소는 계절에 따라, 취향에 따라 대체해도 좋다.

❷ 머스터드 드레싱을 서서히 흘려 넣으면서 섞는다.

❸ 골고루 섞이면 마무리한다.

POINT 접시에 옮겨 담고 강판에 간 파르메산을 뿌려준다.

PANZANELLA SALAD

CAESAR SALAD

시저 샐러드

샐러드를 판매하는 전문점이나 일반 레스토랑에서도 흔히 접할 수 있는 가장 대중적인 샐러드이다. 이탈리아에서도 쉽게 접할 수 있는데 보통 샐러드에 바삭하게 구운 크루통을 사용한다. 여기에서는 남은 포카치아를 활용할 수 있도록 얇게 썬 포카치아를 바삭하게 구워 샐러드와 곁들였다. 포카치아에 샐러드를 올려 한입에 먹으면 더 맛있게 즐길 수 있다.

Ingredients

포카치아 스틱 ●

포카치아	적당량
올리브오일	적당량

시저 드레싱 ●

마요네즈	100g
올리브오일	8g
그라나파다노 치즈 분말	6g
꿀	4g
레몬즙	2g
마늘	2g
엔초비 필렛 (RIZZOLI)	1.6g
홀그레인 머스터드	5g

샐러드

로메인	45g
삶은 달걀	1/2개
구운 베이컨	11g
구운 통아몬드	15g
시저 드레싱 ●	10g
파르메산	10g
포카치아 스틱 ●	3개

How to make

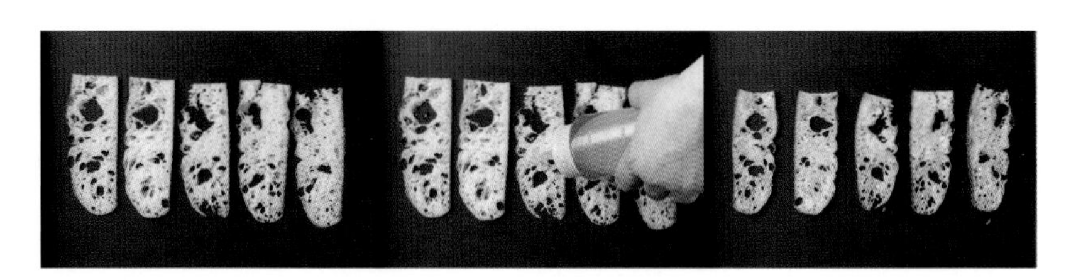

❶ 얇게 슬라이스한 포카치아를 철판에 팬닝한다.

❷ 올리브오일을 두 줄 뿌린다.

❸ 150℃로 예열된 오븐에서 연한 갈색이 될 때까지 약 15분간 굽는다.

POINT 포카치아를 어느 정도의 두께로 슬라이스하는지에 따라 굽는 온도와 시간은 달라지므로, 굽는 과정에서 포카치아의 상태를 자주 확인하며 체크한다.

❶ 볼에 홀그레인 머스터드를 제외한 모든 재료를 담는다.

POINT 엔초비 필렛은 기름기를 제거한 후 계량해 사용한다.

❷ 핸드블렌더로 믹싱한다.

❸ 홀그레인 머스터드를 넣고 골고루 섞어 마무리한다.

❶ 볼에 깨끗이 씻어 물기를 제거해 적당한 크기로 자른 로메인과 시저 드레싱을 담고 섞는다.

POINT 로메인의 숨이 죽지 않도록 최대한 가볍게, 조심스럽게 섞어준다.

❷ 접시에 옮겨 슬라이스한 삶은 달걀, 필러로 얇게 자른 파르메산, 구운 베이컨, 구워 다진 통아몬드, 구운 포카치아 스틱을 골고루 올려 마무리한다.

POINT 삶은 달걀은 얇게 슬라이스한다. 베이컨은 170℃로 예열된 오븐에서 바삭하게 구워 적당한 크기로 자른다. 통아몬드는 150℃로 예열된 오븐에서 중앙 부분이 연한 갈색이 날 때까지 약 10분간 구운 후 큼직하게 다진다.

CAESAR SALAD

MUSHROOM SOUP & FOCACCIA STICK

양송이 수프와 포카치아 스틱

신선한 양송이에 캐러멜라이징한 양파를 넣고 생크림과 함께 오랜 시간 푹 끓여 깊고 풍부한 맛을 내는 수프다. 올리브오일을 뿌려 바삭하게 구워낸 포카치아 스틱과 함께 곁들이면 든든한 한 끼 식사가 된다. 만들어둔 수프는 소분해 냉동 보관하며 필요할 때마다 꺼내 데워 사용하기에도 좋다.

Ingredients

양송이 수프

올리브오일	3g
버터A	4g
양파	100g
소금	적당량
버터B	15g
마늘	1/2개
슬라이스한 양송이	250g
타임	1줄기
우유	400g
동물성 휘핑크림 (MILRAM, 35%)	180g
파르메산 분말	10g

기타

포카치아 스틱 (296p)	3개

How to make

❶ 냄비에 올리브오일, 버터A를 넣고 가열하다가 열이 오르고 버터가 녹으면 양파와 소금을 넣고 섞는다.

POINT 양파는 잘게 채 썰어 사용한다.

❷ 중불에서 주걱으로 계속 저어가며 가열하다가 진한 갈색으로 캐러멜화되면 마무리한다.

❸ 냄비에 버터B, 마늘을 넣고 한번 끓인 후 마늘의 향이 충분히 풍기면 마늘을 제거한다.

POINT 양파를 캐러멜라이징한 냄비를 그대로 사용한다. 마늘은 얇게 슬라이스해 사용한다.

❹ 버터가 녹으면 슬라이스한 양송이, 캐러멜라이징한 양파 60g, 타임을 넣고 주걱으로 저어가며 가열한다.

❺ 양송이의 숨이 죽으면 우유, 휘핑크림을 넣고 가열한다.

POINT 휘핑크림은 생크림으로 대체할 수 있다.

❻ 끓어오르면 소금, 후추를 넣어 간을 맞춘 후 파르메산 분말을 넣고 섞는다.

❼ 믹서에 곱게 갈아 마무리한다.

POINT
- 양송이의 식감을 살리고 싶다면 2/3 정도는 갈아주고, 나머지는 갈지 않은 그대로를 사용한다.
- 완성된 양송이 수프는 포카치아 스틱과 함께 접시에 담아 서빙한다. 1인분(130g)씩 소분해 냉동 보관한 후 필요할 때마다 꺼내 데워 사용할 수 있다.

MUSHROOM SOUP & FOCACCIA STICK

"이 책을 준비하면서 테스트했던 제품들"

EPILOGUE

포카치아를 처음 만들어본 날을 잊을 수 없습니다. 폭신하면서도 쫀득하고 담백하면서도 계속 생각나는 맛이 저에겐 매우 매력적이었습니다.

그때부터 국내에서는 아직 대중적으로 알려지지 않은 포카치아를 여러 가지 재료와 모양으로 변형을 주며 만들었습니다. 마늘, 청양고추, 시금치, 양파 등 다양한 재료를 넣어보고 모양도 바꿔가며 만든 포카치아는 아직까지도 저에겐 너무나 재미있고 맛있는 이탈리아 빵입니다.

이탈리아 여행에서 처음으로 포카치아 전문점을 방문한 적이 있습니다. 매장에 들어선 순간 눈 앞에 펼쳐진 수많은 종류의 포카치아에 눈이 휘둥그레졌습니다. 너무나도 많은 종류의 포카치아가 있는 것에 놀랐고, 많은 사람들이 포카치아를 종이에 돌돌 말아 편하게 먹는 모습을 보며 '나도 언젠가는 이런 포카치아 전문점을 한국에서 하고 싶다'는 생각을 했습니다. 이제는 국내에도 포카치아 전문점이 많이 생긴 만큼 대중적으로 좀 더 쉽게 다가갈 수 있는 빵이 되지 않을까 싶습니다.

이런 시점에서 포카치아를 주제로 한 책을 출간하게 되어 기쁩니다. 책을 준비하는 동안 다양한 밀가루로 테스트를 해보고, 한국인이 가장 맛있게 먹을 수 있는 포카치아로 만들기 위해 여러 가지 재료들을 넣어보면서 개인적으로도 참 만족스러운 레시피로 완성할 수 있었습니다.

저온 발효에 관한 기본적인 이론과 현장에서 보다 실질적으로 적용할 수 있는 포인트들, 이탈리아식 사전 반죽인 비가를 비롯한 다양한 제법들, 무엇보다 포카치아 전문점을 차려도 충분할 정도로 맛있는 레시피와 브런치 메뉴로도 손색없는 응용 제품들을 아낌없이 담았습니다. 현장의 기술자 분들과 창업을 준비하고 계시는 분들, 빵을 공부하는 학생 분들과 홈베이커 분들 모두에게 도움이 되었으면 하는 바람입니다.

책처럼 좋은 스승은 없다고 합니다. 저 또한 그만큼 책임감을 가지고 앞으로도 더 정진하는 베이커가 되도록 노력하겠습니다.

BAKER. 홍상기

instagram

FOCACCIA